机器人及人工智能类创新教材

U0222767

机器人
编程与实践

主　编　梁　璐　曹　雨　逯海卿
副主编　潘　丽　邸　韬　李清扬　党丽峰
编　委　薛建斌　李永涛　赵　莹

哈尔滨工业大学出版社

内 容 简 介

本书是一本特色鲜明、易学易练的机器人编程入门教材。全书使用图形化语言编程,通过众多实例,由浅入深,循序渐进地介绍了基于 Aelos Pro 智能人形机器人的基本知识、基本操作方法和编程应用开发技术,内容包括机器人结构认知,编程软件操作,机器人动作设计,人体红外、触摸、地磁、光敏、气敏、温度、湿度传感器的编程使用,语音识别、颜色识别、视觉模块的原理与应用,并基于上述知识完成足球机器人、迷宫机器人、垃圾分拣、智能家庭、智慧管家、人脸识别、送餐机器人等有趣的任务。本书为了读者学习方便,所有实例都给出了完整的程序,并就实例涉及的相关知识,也给出了介绍、解释和说明,便于读者掌握机器人图形化编程方面的有关知识内容。

本书可作为大中专院校电子信息、人工智能、机器人、自动控制等专业的教材,也可作为智能机器人学习爱好者的参考用书。

图书在版编目(CIP)数据

机器人编程与实践/梁璐,曹雨,逯海卿主编. —
哈尔滨:哈尔滨工业大学出版社,2023.1(2024.11 重印)
机器人及人工智能类创新教材
ISBN 978-7-5767-0368-9

Ⅰ.①机… Ⅱ.①梁… ②曹… ③逯… Ⅲ.①机器人
-程序设计-教材 Ⅳ.①TP242

中国版本图书馆 CIP 数据核字(2022)第 245472 号

HITPYWGZS@163.COM
艳文工作室 13936171227

JIQIREN BIANCHENG YU SHIJIAN

策划编辑 李艳文 范业婷
责任编辑 徐 昕
出版发行 哈尔滨工业大学出版社
社 址 哈尔滨市南岗区复华四道街 10 号 邮编 150006
传 真 0451-86414749
网 址 http://hitpress.hit.edu.cn
印 刷 哈尔滨久利印刷有限公司
开 本 787 毫米×1 092 毫米 1/16 印张 15.25 字数 313 千字
版 次 2023 年 1 月第 1 版 2024 年 11 月第 2 次印刷
书 号 ISBN 978-7-5767-0368-9
定 价 68.00 元

主编简介

丛书主编/总主编:

冷晓琨,中共党员,山东省高密市人,乐聚机器人创始人,哈尔滨工业大学博士,教授。主要研究领域为双足人形机器人与人工智能,研发制造的机器人助阵平昌冬奥会"北京8分钟"、2022年北京冬奥会,先后参与和主持科技部"科技冬奥"国家重点专项课题、深圳科技创新委技术攻关等项目。曾获中国青少年科技创新奖、中国青年创业奖等荣誉。

本书主编:

梁璐,中共党员,陕西省兴平市人,兰州职业技术学院电子信息工程系副主任,副教授。曾获得甘肃省"园丁奖"优秀教师,兰州市优秀共产党员,首届"兰州青年五四奖章",兰州市首批"青年专家",兰州市优秀科技工作者。2022年"梁璐智能硬件技艺技能传承创新工作室"获评甘肃省职业教育技艺技能传承创新工作室。

曹雨,中共党员,黑龙江省哈尔滨市人,乐聚(深圳)机器人技术有限公司职业教育部副总监,哈尔滨工业大学计算机科学与技术专业硕士。曾获全国机器人锦标赛一等奖。

逯海卿,中共党员,山东省安丘市人,潍坊学院机械与自动化学院机制教研室主任,机械工程专业博士,美国科罗拉多大学访问学者。主要研究方向为智能制造技术和复杂曲面数控加工及检测。

前　言

创新是一个民族进步的灵魂,是国家兴旺发达的不竭动力。在以创新为主题的当今世界,只有先声夺人,出奇制胜,不断创造新的体制、新的产品、新的市场和新的形势,才能在日趋激烈的竞争中立于不败之地。机器人是多学科、交叉学科的综合体,对于工科领域的机械工程、电子信息、自动控制、传感器与测试技术、计算机硬件及软件、人工智能等学科均是最佳的教学研究平台。

本书围绕乐聚(深圳)机器人技术有限公司研发的高端智能人形机器人 Aelos Pro,展开对智能机器人编程及开发的介绍,从硬件调试,到图形化编程,由浅入深地引导读者逐步掌握机器人的编程方法,最终达到让读者基于该机器人平台可以独立完成机器人控制和二次开发的目的。

本书第 1~3 章由主编梁璐编写,第 4 章由主编曹雨、逯海卿编写,第 5~6 章由副主编潘丽编写,第 7 章由副主编邸韬编写。书中所有操作实例由李永涛验证,并录制操作视频。

本书受到兰州职业技术学院科研项目(课题编号:2021XY-21)、中国高校产学研创新基金——新一代信息技术创新项目(课题编号:2021ITA05015)、2021 年甘肃省职业教育教学改革研究项目(课题 1 编号:2021gszyjy-128;课题 2 编号:2021gszyjy-82)、2022 年度甘肃省高等学校创新基金项目(课题编号:2022B-444)、2022 年甘肃省高等学校创新创业教育改革项目(课题:基于"X+CDIO"实践教学模式的物联网专业小生态链创新研究)、2023 年高校教师创新基金项目(课题编号:2023B-451)资助。本书撰写过程中得到了乐聚(深圳)机器人技术有限公司领导、工程师的全力支持,课程相关资源制作得到了乐聚(深圳)机器人技术有限公司梁佳,兰州职业技术学院薛建斌、朱勇伟、董亚莉的帮助,在此表示衷心感谢!

由于编者水平有限加之时间仓促,书中难免出现疏漏和不足,望广大读者批评指正。

编　者
2022 年 10 月

目　　录

第1章　智能机器人概述

本章知识点

1. 了解人工智能技术及其应用领域；
2. 掌握智能机器人的三要素；
3. 了解人形机器人的结构；
4. 熟悉 Aelos Pro 机器人的结构和零点的调试；
5. 了解 Aelos Pro 机器人的编程软件。

1.1　人工智能与智能机器人

1.1.1　什么是人工智能

1. 人工智能的基本定义

人工智能（Artificial Intelligence），英文缩写为 AI。它是研究、开发用于模拟、延伸和扩展人的智能的理论、方法、技术及应用系统的一门新兴的学科，属于计算机科学的一个分支。人工智能的意义在于研究出一种能模仿人类，甚至超越人类思考能力的智能反应机器，即研究如何让计算机去完成以往需要人的智力才能胜任的工作，也就是研究如何应用计算机的软硬件来模拟人类某些智能行为。

简而言之，人工智能就是让机器具有人类的智能。关于什么是"智能"并没有一个很明确的定义，但一般认为智能（或特指人类智能）是知识和智力的总和。比如"智能手机"中的"智能"一般是指由计算机控制并具有某种智能行为的意思。这里的"计算机控制"+"智能行为"隐含了对人工智能的简单定义。

2. 人工智能与机器学习、深度学习

机器学习是指从有限的观测数据中学习或猜测出具有一般性的规律，并利用这些规律对未知数据进行预测的方法。通俗来讲，机器学习就是让计算机从数据中进行自动学习，得到某种知识或规律。

深度学习是学习样本数据的内在规律和表示层次，这些学习过程中获得的信息对诸如文字、图像和声音等数据的解释有很大的帮助。它的最终目标是让机器能够像人一样具有分析学习能力，能够识别文字、图像和声音等数据。

深度学习是机器学习领域中的一个研究方向，它被引入机器学习使其更接近于最初的目标——人工智能。

1.1.2　人工智能的发展及应用

1. 人工智能的基本技术

人工智能尽管是一个正在探索和发展中的学科，截至目前尚未形成较为完整的体系结构，但是就其目前各个分支领域的研究内容来看，人工智能的基本技术至少应包括以下内容。

（1）推理技术。

推理技术是人工智能的基本技术之一。需要指出的是，对推理的研究往往涉及对逻辑的研究。逻辑是人脑思维的规律，因而也是推理的理论基础。机器推理或人工智能用到的逻辑，主要包括经典逻辑中的谓词逻辑和由它经某种扩充、发展而来的各种逻辑。后者通常称为非经典或非标准逻辑。

（2）搜索技术。

搜索技术就是对推理进行引导和控制的技术，它也是人工智能的基本技术之一。事实上，许多智能活动的过程，甚至所有智能活动的过程，都可看作或抽象为一个"问题求解"过程。而所谓"问题求解"过程，实质上就是在显式的或隐式的问题空间中进行搜索的过程，即在某一状态图，或者与或图，或者某种逻辑网络上进行搜索的过程。

（3）知识表示与知识库技术。

知识表示是指知识在计算机中的表示方法和表示形式，它涉及知识的逻辑结构和物理结构。知识库类似于数据库，所以知识库技术包括知识的组织、管理、维护、优化等技术。对知识库的操作要靠知识库管理系统的支持。显然，知识库与知识表示密切相关。需说明的是，知识表示实际也隐含着知识的运用，知识表示和知识库是知识运用的基础，同时也与知识的获取密切相关。

（4）归纳技术。

归纳技术是指机器自动提取概念、抽取知识、寻找规律的技术。显然，归纳技术与知识获取及机器学习密切相关，因此，它也是人工智能的重要基本技术。归纳可分为基于符号处理的归纳和基于神经网络的归纳，这两种途径目前都有很大发展。

（5）联想技术。

联想是最基本、最基础的思维活动，它几乎与所有 AI 技术息息相关。因此，联想技术也是人工智能的一个基本技术。联想的前提是联想记忆或联想存储，这也是一个富有挑战性的技术领域。

2. 人工智能的发展

人工智能的发展主要经历了以下五个阶段。

（1）萌芽期。

20世纪50年代，以香农为首的科学家共同研究了机器模拟的相关问题，人工智能正式诞生。

（2）第一发展期。

20世纪60年代是人工智能的第一个发展黄金阶段，该阶段的人工智能主要以语言翻译、证明等研究为主。

（3）瓶颈期。

20世纪70年代，经过科学家深入的研究，发现机器模仿人类思维是一个十分庞大的系统工程，难以用现有的理论成果构建模型。

（4）第二发展期。

已有人工智能研究成果逐步应用于各个领域，人工智能技术在商业领域取得了巨大的成果。

（5）平稳期。

20世纪90年代以来，随着互联网技术的逐渐普及，人工智能已经逐步发展成为分布式主体，为人工智能的发展提供了新的方向。

2019年3月4日，在十三届全国人大二次会议上，大会发言人张业遂表示，全国人大常委会已将一些与人工智能密切相关的立法项目，如数字安全法、个人信息保护法和修改科学技术进步法等，列入本届五年的立法规划。

3. 人工智能与机器人

人工智能与机器人的结合日益变得成熟，已成为当今前沿的研究领域。人工智能的发展改变了人类的学习、生活等认知方式，而培养高智能的机器人是机器人产业的发展方向。因此，人工智能与机器人的发展是相互促进的，它们结合的重要意义在于研制出可以模仿人类行为和思维的机器人。

在科学技术迅速发展的今天，虽然当前的智能机器人没有达到像科幻小说中诠释的那么生动形象，但人工智能机器人已不再是遥远的话题。Alpha-Go在围棋博弈中与人类进行了一次次的较量，战胜世界冠军，这也是AI与机器人结合的一个产物与缩影，预示着未来人工智能机器人将产生不可估量的价值。

就目前而言，智能机器人从工业机器人到家庭、公共服务机器人，以及医疗手术机器人、康复辅助机器人等，已有重大突破。而工业制造、生活服务、医疗技术是人类工作、学习、生活的基础保障。

（1）工业制造。

工业机器人作为产业先驱，随着基础工业、制造工艺的进步，以及与传感技术、智能技术、虚拟现实技术、网络技术等的深度融合，工业机器人将朝着精度、速度、效率更高，智能、灵巧作业、人际交互能力更强的方向发展。因此，用机器人代替重复作业、精细作业、危险作业的未来指日可待。而且应用领域也将越来越广泛，例如汽车工业、电子装配制造、物流搬运与仓储、食品加工、机械加工、化工建材等。

（2）生活服务。

当代社会由于生活节奏的加快和劳动力减少，越来越多的年轻人为看护老人、小孩，打理家庭卫生等问题所困扰。在这种情况下，人们越来越渴望拥有一个能把这些事情处理得井井有条的智能机器人。如果所有家务活都由智能机器人帮忙处理和解决，那么人们可以更专注于自己的工作、学习，更全力去打拼，这可以极大程度地促进社会进步。另外，如果智能机器人能够看家护院、监管社会治安，那么会更有助于打造和实现安全、和谐的社会环境。

当然，智能机器人不仅为家庭生活服务提供便利，未来在公共服务领域也将逐渐地发挥它的优势和作用。例如，智能服务生将穿梭于各大餐饮商店，为人类提供各种便捷服务；智能交通、无人驾驶或将成为未来汽车发展的主流，这将大大提高交通系统的效率和安全性；智能治安，未来有了智能机器人辅助治安管理，将大大提升可靠性、降低管理成本。

（3）医疗技术。

医疗机器人服务于民生科技与健康。健康是人类永恒的主题，未来医疗机器人的发展空间巨大。在平时就医过程中，如果有专门的人工智能机器人负责维护队伍秩序，那么看病难的现象可能会有极大改善。或者利用智能机器人的高超记忆本领对个体情况进行记录管理，提醒人们及时体检就医，将为人们提供很多便利。另外，人工智能机器人还可以利用红外线技术为人类进行诊断，不需要通过 X 光线、磁共振、心电图等设备，不需要二次诊断，大大节省就医时间及成本。所以，期待未来有一款会看病的人工智能机器人，通过自身多功能程序，能够快速地为病人诊病、缩短病人就诊时间、避免过程的冗长复杂。当然，除了医疗，在康复上，未来也会有医疗智能机器人的帮助。

人工智能与机器人的结合并非偶然，而是符合时代需求的产物。机器人是人工智能的载体，它使得人工智能能够具象化地应用于社会实践；而人工智能是机器人的大脑，它迅速地推动了机器人应用的普及，提升了生产效率，降低了操作风险。因此，二者的结合将会给人类的生产生活带来不可言喻的意义。

1.1.3 什么是智能机器人

智能机器人之所以智能，是因为它有相当发达的"大脑"。在作为"脑"的计算机中起作用的是中央处理器,这种计算机与操作它的人有直接的联系。最主要的是,这样的计算机可以进行按目的安排的动作。从广泛意义上理解,可以说智能机器人是一个独特的进行自我控制的"活物"。智能机器人具备形形色色的内部信息传感器和外部信息传感器,如视觉、听觉、触觉、嗅觉等。除了具有感受器外,它还有效应器,主要作用于周围环境。Aelos Pro 机器人就是一个这样的智能机器人。

1.1.4　智能机器人的三要素

机器人可分为一般机器人和智能机器人。一般机器人是指不具有智能,只具有一般编程能力和操作功能的机器人。在世界范围内还没有一个统一的智能机器人定义。大多数专家认为智能机器人至少要具备以下三个要素。

一是感觉要素,用来认识周围环境状态,就像 Aelos Pro 机器人身上的传感器,有能感知空间、方向、距离等的非接触型传感器和能感知力、压觉、触觉等的接触型传感器。这些要素实质上就相当于人的眼、鼻、耳等五官。

二是运动要素,对外界做出反应性动作。可以根据环境感应的不同做出不同的动作。智能机器人需要有一个无轨道型的移动机构,以适应诸如平地、台阶、墙壁、楼梯、坡道等不同的地理环境,它们的功能可以借助轮子、履带、支脚、吸盘、气垫等移动机构来完成。

三是思考要素,根据感觉要素所得到的信息,思考出采用什么样的动作,也是人们要赋予机器人必备的要素。Aelos Pro 机器人可以接受语音指令。思考要素包括判断、逻辑分析、理解等方面的智力活动。这些智力活动实质上是一个信息处理过程,而计算机则是完成这个处理过程的主要手段。

练一练

1. 什么是人工智能,人工智能与机器人之间有什么联系?
2. 智能机器人需要具备的三要素是什么?
3. 人工智能与机器学习、深度学习之间有什么关系?
4. 智能机器人研究过程中涉及的关键技术有哪些?

知识链接

人工智能的研究与应用领域

(1)模式识别。

"模式"一词的本意是指完整无缺地供模仿的标本或标识。模式识别就是识别出给定物体所模仿的标本或标识。计算机模式识别系统使一个计算机系统具有模拟人类通过感官接收外界信息、识别和理解周围环境的感知能力。模式识别是一个不断发展的学科分支,它的理论基础和研究范围也在不断发展。在二维的文字、图形和图像的识别方面,已取得许多成果。三维景物和活动目标的识别和分析是目前研究的热点。语音的识别和合成技术也有很大的发展。基于人工神经网络的模式识别技术在手写字符的识别、汽车牌照的识别、指纹识别、语音识别等方面已经有许多成功的应用。

(2)专家系统。

一般来说,专家系统是一个具有大量专门知识与经验的程序系统。专家系统存储有某个专门领域中经过事先总结、分析并按某种模式表示的专家知识(组成知识库),以及拥有类似于领域专家解决实际问题的推理机制(构成推理机)。系统能对输入信息进行处理,并运用知识进行推理,做出决策和判断,其解决问题的水平达到或接近专家的水平,因此能起到专家或专家助手的作用。专家系统的开发和研究是人工智能中一个最活跃的应用研究领域,涉及社会各个方面,可以说,需要有专家工作的场合,就可以开发专家系统。

(3)机器学习。

学习是人类智能的主要标志和获得知识的基本手段,学习能力无疑是人工智能研究的一个最重要的方面。学习是一个有特定目的的知识获取过程,其内部表现为新知识的不断建立和知识的更新,而外部表现为系统的性能得到改善。一个学习过程本质上是学习系统把导师或专家提供的学习实例或信息,转换成能被学习系统理解并应用的形式存储在系统中。

(4)自然语言理解。

自然语言是人类之间信息交流的主要媒介,由于人类有很强的理解自然语言的能力,因此,人们相互间的信息交流轻松自如。但是,目前计算机系统和人类之间的交互几乎还只能使用严格限制的各种非自然语言,因此,解决计算机系统能理解自然语言的问题是人工智能研究的一个十分重要的课题。

(5)智能检索。

数据库系统是存储某学科大量事实的计算机系统,随着应用的发展,存储的信息量越来越庞大,研究智能信息检索系统具有重要的实际意义。智能信息检索系统应具有以下功能。

① 能理解自然语言,允许用户使用自然语言提出检索要求和询问。

② 具有推理能力,能根据数据库存储的事实,推理产生用户要求和询问的答案。

③ 系统拥有一定的常识性知识,以补充数据库中学科范围的专业知识。系统根据这些常识性知识和专业知识能演绎推理出专业知识中没有包含的答案。例如,某单位的人事档案数据库中有下列事实:"张强是采购部工作人员""李明是采购部经理"。如果系统具有"部门经理是该部门工作人员的领导"这一常识性知识,就可以对询问"谁是张强的领导"演绎推理出答案是"李明"。

（6）机器视觉。

机器视觉可分为低层视觉和高层视觉两个层次。低层视觉主要是对视觉图像执行预处理，例如，边缘检测、运动目标检测、纹理分析等，另外还有立体造型、曲面色彩等，其目的是使看见的对象更突现出来，这时还谈不上对它的理解。高层视觉主要是理解对象，显然，实现高层视觉需要掌握与对象相关的知识。机器视觉的前沿研究课题包括：实时图像的并行处理，实时图像的压缩、传输与复原，三维景物的建模识别，动态和时变视觉等。

（7）博弈。

到目前为止，人工智能对博弈的研究多以下棋为对象，但其目的并不是为了让计算机与人下棋，而主要是为了给人工智能研究提供一个试验场地，对人工智能的有关技术进行检验，从而也促进这些技术的发展。博弈研究的一个代表性成果是 IBM 公司研制的 IBM 超级计算机"深蓝"。"深蓝"被称为世界上第一台超级国际象棋计算机，该机有 32 个独立运算器，其中每一个运算器的运算速度都在每秒 200 万次以上，机内还装了一个包含有 200 万个棋局的国际象棋程序。"深蓝"于 1997 年 5 月 3 日至 5 月 11 日在美国纽约曼哈顿同当时的国际象棋世界冠军苏联人卡斯帕罗夫对弈 6 局，结果"深蓝"获胜。

（8）人工神经网路。

人工神经网络在模仿生物神经计算方面有一定优势，它具有自学习、内组织、自适应、联想、模糊推理等方面的能力。其研究和应用已渗透到许多领域。如机器学习、专家系统、智能控制、模式识别、计算机视觉、信息处理、非线性系统辨识及非线性系统组合优化等。

1.2　机器人结构初识——专多能的 Aelos Pro 机器人

谈一谈

简述智能机器人所具备的三要素。

1.2.1　机器人按结构分类

2021 年 6 月 1 日实施的《机器人分类》（GB/T 39405—2020）是我国最新的关于机器人分类的国家标准，它规定了机器人的分类原则、分类方法和分类汇总，该标准适用于机器人的分类。为了便于读者尽快进入对于机器人的编程学习，这里仅介绍按照形态划分的两类机器人。

1. 拟物智能机器人

拟物智能机器人(见图1.1)包括仿照各种各样的生物、日常使用物品、建筑物、交通工具等做出的机器人,采用非智能或智能的系统来方便人类生活的机器人等。如机器狗、六脚机器昆虫、轮式机器人、履带式机器人。

(a) 机器狗   (b) 六脚机器昆虫

(c) 轮式机器人   (d) 履带式机器人

图 1.1　拟物智能机器人

2. 人形智能机器人

人形智能机器人是模仿人的形态和行为而设计制造,形态上模仿人的四肢和头部,通过传感器和控制器实现机器人的智能化。人形智能机器人研究集机械、电子、计算机、材料、传感器、控制技术等多门科学于一体,代表着一个国家的高科技发展水平。

当今世界比较知名的人形智能机器人有本田公司的 ASIMO 和波士顿动力公司的 Atlas,如图1.2所示。ASIMO 是日本本田开发的产品,并于 2000 年 10 月推出第一代。ASIMO 像是一位助手,它可识别面孔、姿势、动作和检测多个实体的移动,继而完成众多任务。本田一直在更新迭代 ASIMO,而其最终目标也是服务人类。

Atlas 是由波士顿动力公司为美军开发的机器人,可以说是目前公认的最先进的人形智能机器人,不但可以行走、跳跃、空翻、提取物品,关键是能在户外恶劣的地形下作业。感兴趣的读者可以查阅 Atlas 跑酷和舞蹈的视频。

人形智能机器人的臂部一般采用空间开链连杆机构,其中的运动副(转动副或移动副)常称为关节,关节个数通常即为机器人的自由度数。根据关节配置形式和运动坐标形式的不同,机器人执行机构可分为直角坐标式、圆柱坐标式、极坐标式和关节坐标式等类型。出于拟人化的考虑,常将机器人本体的有关部位分别称为头部、身躯、左手臂、右手臂、左腿、右腿等,如图 1.3 所示。

(a) ASIMO　　　　　　　　　　　　　(b) Atlas

图 1.2　人形智能机器人

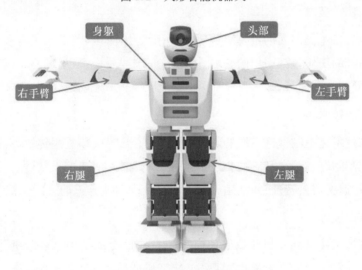

图 1.3　人形智能机器人的结构

1.2.2　智能机器人涉及的关键技术

智能机器人作为人工智能和机器人技术的有机结合,其功能和价值在人形智能机器人上得到了最佳呈现。前文所述的 ASIMO 和 Atlas,都是当今世界人形智能机器人的顶尖产品。除了了解它们的类人的外形结构,学习机器人编程还要掌握内在核心的技术。

1. 传感器信息融合技术

传感器是用来给机器人提供类似于人的视觉、听觉、嗅觉和触觉等感官的电子元件,其作用是将来自外界的各种信号转换成电信号供机器人对所处环境做出相应的判断。多传感器信息融合则是综合来自多个传感器的感知数据,以产生更可靠、更准确、更全面的信息。经过融合的多传感器系统能够更加完善、精确地反映检测对象的特性,消除信息的不确定性,提高信息的可靠性。

2.定位导航技术

定位导航技术是实现机器人智能行走的第一步,本质上就是帮助机器人实现自主定位、建图、路径规划及避障等功能。这里就要用到机器人的视觉感知能力,需要借助眼睛(如激光雷达)来帮助机器人完成周围环境的扫描,配合相应的算法,构建有效的地图数据,完成运算,实现机器人的自主定位导航。

3.路径规划技术

最优路径规划就是依据某个或某些优化准则(如工作代价最小、行走路线最短、行走时间最短等),结合算法,通过编程来指引机器人在工作空间中找到一条从起始状态到目标状态、可以避开障碍物的最优路径。

4.机器人视觉技术

视觉系统是自主机器人的重要组成部分,一般由摄像机、图像采集卡和计算机组成。机器人视觉系统的工作包括图像的获取、图像的处理和分析、输出和显示,核心任务是特征提取、图像分割和图像辨识。

5.智能控制技术

智能控制技术是控制理论发展的新阶段,主要用来解决那些用传统方法难以解决的复杂系统的控制问题,运用智能控制方法可以提高机器人的速度及精度。通过后面的学习,读者可以掌握机器人特性,并利用编程方法来实现对机器人的智能化控制。

6.人机接口技术

人机接口技术是研究人与计算机如何方便自然地交流。一是要求机器人控制器有一个友好、灵活、方便的人机界面;二是要求计算机能够看懂文字、听懂语言、说话表达,甚至能够进行不同语言之间的翻译。目前人机接口技术在文字识别、语音合成与识别、图像识别与处理等方面都取得了重大成就。本书涉及的人机接口技术将在下一节详细讲述。

1.2.3 什么是 Aelos Pro 机器人

Aelos Pro 机器人是由乐聚(深圳)机器人技术有限公司研发的高端智能人形机器人,主要应用于科学研究、机器人比赛和舞台表演等。

(1)Aelos Pro 机器人硬件的组成(见图1.4)。

机器人控制系统——主控板　机器人动力系统——电池　机器人传动系统——舵机

图 1.4　Aelos Pro 机器人硬件的组成

（2）Aelos Pro 机器人的结构。

Aelos Pro 机器人有 19 个舵机，相当于人的 19 个关节，运动非常灵活，如图 1.5 所示。配有内置传感器和外置传感器等 14 个拓展模块，胸前有三个磁吸端口，自上至下分别为 1 号、2 号、3 号端口，可以外搭传感器，像火焰传感器、触摸传感器、触碰传感器等 10 个外置模块，同时还有 4 个内置的传感器，如摄像头、地磁传感器、红外距离传感器和六轴传感器，这些传感器之间可以进行相互搭配使用。另外，Aelos Pro 机器人的视觉有四大功能：人脸识别、颜色分辨、定位追踪和视频回传。机器人可以把自己看到的场景通过视频回传功能上传计算机，进而进行数据的分析。

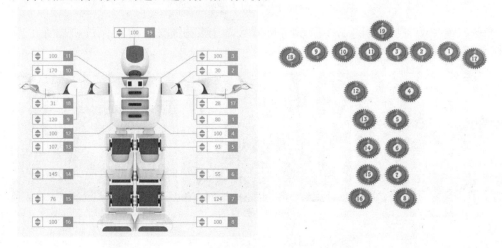

图 1.5　Aelos Pro 机器人的结构

1.2.4　机器人的零点调试

1. 机器人为何要调试零点?

机器人在每次开机运行过程中,都需要从最初始的状态开始工作,并以此作为各工作轴的基准进行控制,从而确保每个部件的工作在可控的计算范围内,机器人的这个初始状态就是零点。只有机器人得到充分和正确标定零点时,它的运行效果才会最好,机器人才能达到它最高的点精度和轨迹精度或者完全能够以编程设定的动作运动。完整的零点标定过程包括为每一个轴标定零点。

2. Aelos Pro 机器人的零点调试

(1)硬件准备。

准备的硬件有 Aelos Pro 机器人、操作手柄、USB 数据线和计算机上位机,如图 1.6 所示。

(a) Aelos Pro 机器人　　　　　　(b) 操作手柄　　　　　　(c) USB 数据线

图 1.6　Aelos Pro 机器人硬件准备

准备好硬件设备后,如图 1.7 所示将机器人与上位机连接,注意保持机器人电量充足。

(a) 连接线实物　　　　　　(b) 机器人接口　　　　　　(c) 机器人与上位机连接

图 1.7　机器人与上位机连接示意图

（2）软件调零。

Aelos Pro 机器人的零点调试需要联机后用编程软件来完成。点击安装好的编程软件图标，运行软件后，点击菜单栏中的，弹出如图 1.8 所示界面，选择机器人型号 Aelos Pro，点击【确定】，完成设置。

使用专用 USB 数据线连接机器人和计算机，若连接正常，点击软件右上方【串口】，可看到机器人连接计算机的串口编号，如图 1.9 所示选择 COM15（读者请以计算机实际连接识别端口号为准），即建立起正常连接。

图 1.8　选择机器人型号

图 1.9　选择机器人与计算机连接端口

点击菜单栏中的，打开设置对话框，如图 1.10所示，点击最下方【零点调试】，可设置零点。零点调试：每个舵机设定一个固定值，显示的数值是与设定数值的偏差，在一定范围内的偏差属正常，二十多代表一度，所以舵机实际数值与固定值偏差几度。调试好后，"设置零点"，可以按"站立"或"下蹲"。

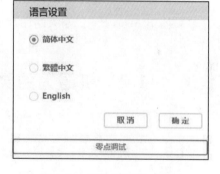

3. 零点到标准状态准则

图 1.10　"语言设置"对话框

Aelos Pro 机器人零点到标准状态准则如下，零点调试状态如图 1.11 所示。

（1）1 号线是机器人获取零点后，从侧面看从上到下在一条直线上。

（2）2 号线是机器人获取零点后，从侧面看膝盖面在一个平面成一条直线。

（3）4 号线是机器人获取零点后，从正面看两条腿，大腿与躯干连接线在一条水平直线上。

（4）5 号、6 号线是机器人获取零点后，站立状态，手指到腿部距离为两个手指左右且匀称。

（5）3 号、7 号线是机器人获取零点后，站立状态，脚底板下部分边缘在一条直线上。

当完成了零点调试后，就可以放心进行机器人的后续调试和操作了。

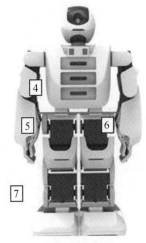

(a) 零点调试状态 A   (b) 零点调试状态 B

图 1.11 零点调试状态

练一练

1. 人形机器人的结构是怎样的?

2. Aelos Pro 机器人有哪些功能?

3. 搜集 Aelos Pro 机器人的图片或相关视频(1~2 个)。

1.3 机器人的灵魂——Aelos Pro 编程软件

1.3.1 机器人的灵魂——程序

机器人核心价值主要决定于机器人软件。机器人软件是运行于机器人控制器上的程序,从传感器获取环境信息及机器人自身状态,使用相应算法进行数据分析和处理,操作机器人执行器或机械结构,从而实现机器人的任务。简而言之,机器人运行的程序,就是机器人的“灵魂”,操控着传感器、执行器、机械结构等组成的机器人“身体”。

程序的编程一般有指令式编程和图形化编程。

指令式编程是一种描述计算机所需做出的行为的编程典范。几乎所有计算机的硬件工作都是指令式的,即程序都是使用指令式的风格来编写的,如图 1.12 所示。

```
void main(void)
{
    halBoardInit();   //模块相关资源的初始化
    ConfigRf_Init();  //无线收发参数的配置初始化
    Timer4_Init();  //定时器初始化
    Timer4_On();   //打开定时器

    while(1)
    {   APP_SEND_DATA_FLAG = GetSendDataFlag();
        if(APP_SEND_DATA_FLAG == 1)   //定时时间到
        {   /* 【传感器采集、处理】开始*/
            uint16 FireAdc;
            FireAdc = get_adc();   //取红外光(火焰)数据
#ifdef CC2530_DEBUG
            //把采集数据传化成字符串,以便于在串口上显示观察
            uart_printf("火焰传感器,红外线(火焰)数字量: %dmV\r\n", FireAdc*10);
#endif /*CC2530_DEBUG*/
            memset(pTxData, '\0', MAX_SEND_BUF_LEN);
            pTxData[0]=START_HEAD;//帧头
            pTxData[1]=CMD_READ;//命令
            pTxData[2]=7;//长度
            pTxData[3]=1;//1组传感数据
            pTxData[4]=SENSOR_FIRE;//传感类型
            pTxData[5]=(uint8)((FireAdc*10)>>8);//单位: %
            pTxData[6]=(uint8)((FireAdc*10));//单位: %
            pTxData[7]=CheckSum((uint8 *)pTxData, pTxData[2]);
            //产生一个随机延时, 减少信道冲突
            srandl(FireAdc);
            halMcuWaitMs(randr( 0, 3000 ));
            //把数据通过zigbee发送出去
            basicRfSendPacket((unsigned short)SEND_ADDR, (unsigned char *)pTxData, pTxData[2]+1);
            FlashLed(1,100);//无无线发送指示, LED1亮100ms
            Timer4_On();   //打开定时
        } /* 【传感器采集、处理】结束*/
    }
}
```

图1.12　指令式编程实例

图形化编程则是通过二次开发,将程序运行时常用到的指令式编程的函数、变量等关键要素用直观和容易理解的图形来替代。使用图形化编程降低初学者程序编写的难度,将繁复、晦涩的命令和语句变成简单的图形模块,使编程环境与用户的界面更加友好,让初学者更加注重控制逻辑性和可实现性。

1.3.2　Aelos Pro 编程软件介绍

1. 软件的下载与安装

（1）在浏览器地址栏中输入乐聚官方网站的地址:WWW. LEJUROBOT. COM。

（2）在网站的导航栏中,点击"服务与支持"→"下载支持"→"Aelos 机器人 PC 端教育版安装程序"→"下载支持",即可进行下载。

（3）根据提示信息安装软件,安装完后桌面会出现"aelos _edu"图标。

（4）双击"aelos _edu"图标即可运行软件,软件界面如图 1.13 所示。

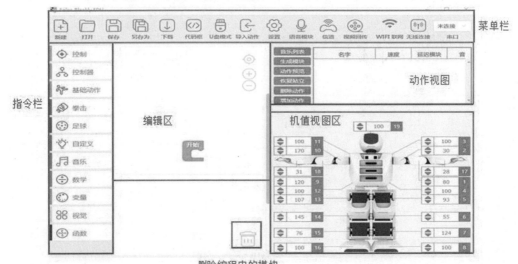

图 1.13　图形化编程软件界面

2. 编程软件界面介绍

Aelos Pro 机器人编程软件使用该公司开发的 aelos _edu 图形化编程套件,其特点是结构简洁,图示清晰,使用方便灵活。编程软件界面包括菜单栏、指令栏(控制指令和动作指令)、编辑区(指令的添加、删除,程序的整合)、动作视图(舵机角度值、速度、刚度以及搭配的音乐等)和机值视图(显示各个舵机的旋转数值的区域)。通过拖动指令栏的指令模块,可以实现对机器人控制程序的编制。

3. 动作设计方法

动作设计方法包括手工扭转法和舵值调整法。手工扭转法就是通过点击舵机 ID,对舵机进行解锁,徒手扭动机器人关节处的舵机,旋转舵机角度进行机器人形态的变化,舵机加锁后软件会读取舵机当前角度值,最终形成既定的动作。舵值调整法就是通过改变舵机角度值来改变机器人的形态。

4. 常用菜单功能介绍

(1)下载:将软件中编写好的程序通过数据线下载到机器人。

(2)代码框:负责代码视图的调出和隐藏,用于显示动作对应命令。

(3)U 盘模式:U 盘模式可以进入 Aelos 体内的存储单元,可以在计算机中查看存储单元中的内容,也可以对其中的内容进行修改和添加。

(4)导入动作:主要将外部已编辑好的动作添加到自定义模块中。

(5)视频回传:将机器人看到的影像回传到计算机,可以在计算机上实时看到,视频不可以保存。

（6）WIFI 联网：将机器人与网络连接。

5. 指令栏

程序指令库中包括控制指令和动作指令两种指令，都是程序员已经编写封装好的内容，可以供读者在编程时选择使用，图形化的形式方便读者更快捷地进行程序编写，如图1.14 所示。

图 1.14　指令栏中的指令示意图

6. 编辑区

编辑区是编写程序的主要阵地，指令的添加、删除，程序的整体设计都在编辑区中进行，可以在这里直观地看到当前程序的整体情况，如图 1.15 所示。

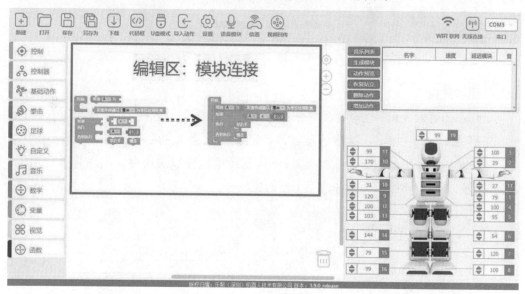

图 1.15　编辑区

7. 机值视图的功能

Aelos Pro 机器人身上装有 19 个舵机，每一个舵机（除去 17、18 号舵机）都有 10°～190°的旋转范围，通过合理设置这些舵机的旋转角度，可以让 Aelos Pro 机器人摆出各种不同姿势。也正因如此，Aelos Pro 机器人才可以完成多种多样的动作。机值视图就是显示当前机器人身上各个舵机的旋转数值的区域，如图1.16所示。在机值视图中，可以看到机器人身体的各个关节处都标有舵机的编号，每个标号下方所显示的就是该舵机的数值。

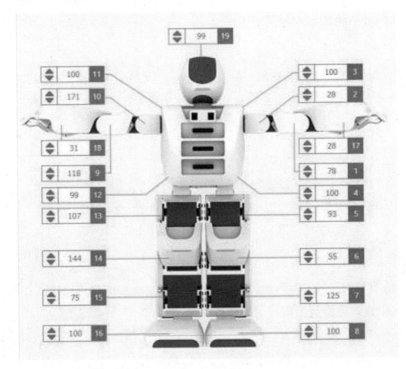

图 1.16　机值视图

8. 动作视图

动作视图可以显示每个动作的详细信息,例如,各舵机角度值、速度、刚度,以及搭配的音乐等,如图 1.17 所示。这些信息以条状记录进行显示,可以显示单一动作,也可以显示一个动作指令里的一组动作。当然,动作视图中也可以对所显示的动作进行预览、修改、删除,或者将整组动作打包成一个新的模块等。

	名字	速度	延迟模块	舵机1	
1	刚度帧	30	0	40	
2		30	0	79	

图 1.17　动作视图

1.3.3　实例

为了帮助读者体会机器人编程的乐趣,本章电子资源中附有 Aelos Pro 机器人动作实例,可以在零点调试后,通过 USB 数据线直接下载运行。

（1）使用 USB 数据线连接计算机与 Aelos Pro 机器人,方法参考图 1.7,然后打开机器人电源。

(2)打开上位机软件 aelos _edu,界面如图 1.13 所示,点击菜单栏中的![新建],选择机器人型号,然后点击软件右上角,选择机器人与计算机连接端口。

(3)点击菜单栏中的![打开],选择已下载的动作源程序 .abe 文件,如图 1.18 所示,打开动作源程序后,编程软件界面如图 1.19 所示。点击菜单栏中的![下载],将程序下载到 Aelos Pro 机器人,此时软件将显示下载进度,下载完成界面如图 1.20 所示。

图 1.18　选择动作源程序界面　　　　　图 1.19　编程软件界面

(4)将机器人复位。按 RESET 按键,待机器人发出"主人你好"问候语后 10 s,即可看到机器人按照程序设计做出动作。

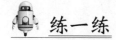 练一练

1. Aelos Pro 机器人编程软件的特点有哪些?
2. 简述 Aelos Pro 机器人编程软件各功能区标识的作用。
3. 安装编程软件,并参考样例下载一个编程实例。

图 1.20　程序下载完成界面

本 章 小 结

本章主要介绍了人工智能技术与机器人技术的结合,以及智能机器人技术,并围绕智能机器人的相关技术分析和讲解了智能机器人需要具备的三要素。通过对乐聚(深圳)机器人技术有限公司研发的 Aelos Pro 机器人的结构和编程环境的介绍,让读者初步认识人形机器人的组成结构和图形化编程的基本流程,期待在后续章节的学习中,能够让读者掌握更多关于智能机器人的编程技巧。

想一想

1. 完成 aelos _edu 软件下载程序后，机器人为何需要重启？

2. 机器人重启后为什么要等待 7 s 才能运行动作？

第2章 灵巧动作"悟"控制

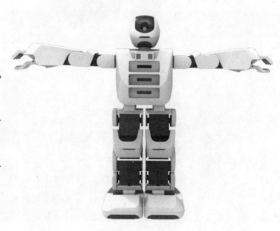

2.1 大显身手——机器人手爪

谈一谈

编程软件界面的构成和功能有哪些?

2.1.1 机器人手爪及其应用

机器人的手部是末端执行器的一种形式,对于常见的工业机器人,末端执行器是安装在机器人手腕上用来进行某种操作或作业的附加装置。

在人形机器人的肢体中,手部更多情况下是模仿人类手功能的一种执行器,称之为机器人手爪,简称为机械手,如图 2.1 所示。机械手功能上模仿人手和臂的某些动作,用以按固定程序抓取、搬运物件或操作工具的自动操作装置,可以通过编程来完成各种预期的作业。机械手是最早出现的工业机器人,也是最早出现的现代机器人,它可代替人完成繁重劳动,以实现生产的机械化和自动化,它能在有害环境下操作以保护人身安全,因而广泛应用于机械制造、冶金、电子、轻工和原子能等领域,如图 2.2 所示。

图 2.1　常见的机器人手爪

图 2.2　工业机械手应用领域

2.1.2　机器人手爪的组成

机器人手爪主要由执行机构、驱动机构和控制系统三大部分组成。手部是用来抓持工件(或工具)的部件,根据被抓持物件的形状、尺寸、质量、材料和作业要求而有多种结构形式,如夹持型、托持型和吸附型等。

机器人手爪的执行机构分为手部、手臂、躯干,如图 2.3 所示。

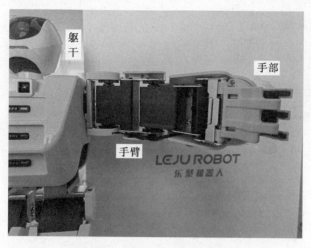

图2.3　机器人手爪的执行机构

（1）手部。

手部安装在手臂的前端，如图2.4所示。手臂的内孔中装有传动轴，可把运动传给手腕，以转动、伸屈手腕、开闭手指。

(a) 闭合

(b) 张开

图2.4　机械手的手部

（2）手臂。

手臂的作用是引导手指准确地抓住工件，并运送到所需的位置上。为了使机械手能够正确地工作，手臂的3个自由度都要精确地定位。

（3）躯干。

躯干是安装手臂、动力源和各种执行机构的支架。

2.1.3　常见的机器人手爪

机器人手爪作为机器人关键零部件之一，它是机器人与环境相互作用的最后环节和执行部件，其性能的优劣在很大程度上决定了整个机器人的工作性能。根据机器人所握持的工件形状不同，主要可分为三类：机械手爪、特殊手爪、通用手爪，如图2.5所示。

图2.5 常见的机器人手爪

2.1.4 机器人手爪设计的基本要求

1. 结构简单,质量轻,体积小

机器人手部处于腕部的最前端,是机器人工作的重要执行机构,其结构、质量和体积直接影响整个机器人手爪的构造、抓重、定位精度、运动速度等性能。在设计手部时,必须力求结构简单,质量轻,体积小。

2. 手指要有强度和刚度,能夹持

机器人手部在工作时,应具有适当的夹持力,以保证夹持稳定可靠,变形小,且不损坏工件的已加工表面。对于刚性很差的工件,夹持力大小应该设计得可以调节。

3. 有足够的开闭范围

夹持类手部的手指都有张开和闭合装置。工作时,一个手指开闭位置以最大变化量称为开闭范围。对于回转型手部手指开闭范围,可用开闭角和手指夹紧端长度表示。手指开闭范围的要求与许多因素有关,如工件的形状和尺寸,手指的形状和尺寸,一般来说,如工作环境许可,开闭范围大一些较好。

2.1.5 Aelos Pro 机器人手爪的特征

Aelos Pro 机器人有 19 个舵机,左机械手为 17 号舵机,右机械手为 18 号舵机,机械手张开角度为 0°~40°,抓取最大尺寸为 50 mm,抓取最大质量为 0.1 kg,自然状态手爪有一定的初始角度,符合机器人手爪设计的基本要求。Aelos Pro 机器人手爪如图 2.6 所示。

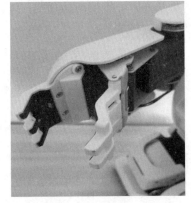

图 2.6 Aelos Pro 机器人手爪

2.1.6 认识机器人手爪模块

编程软件的指令区控制器中有两个手爪的模块,如图2.7所示,通过模块编程可以让机器人执行不同的抓取动作。

左右手爪执行不同的抓取角度,角度范围为0°~40°,如图2.8所示。

左右手爪执行张开、夹取的动作,最大张开角度为40°,如图2.9所示。

图2.7　aelos_edu编程界面机器人手爪模块

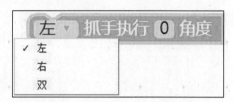

图2.8　手爪执行不同的抓取角度

图2.9　手爪执行张开、夹取动作

2.1.7 编写程序

1.通用编程步骤

(1)在计算机端打开aelos_edu编程软件。

(2)新建程序文件。点击菜单栏中的，选择机器人型号Aelos Pro。

(3)连接机器人。点击软件右上角的，选择机器人与计算机连接端口,串口连接正常会显示如图2.10所示的对话框,点击【确定】。

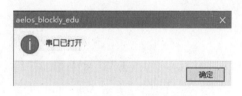

图2.10　串口连接正常对话框

(4)在编辑区【开始】框架内,通过鼠标拖拽指令栏内对应模块进行编程。

2.图形化程序设计

功能:使用配套的机器人遥控器,按1号按键,左手张开40°,并保持该状态,设计完成的手爪控制程序如图2.11所示。

设计分析:手爪控制程序中用到的模块需要分别在指令栏选取。

设计流程:

(1)遥控器模块设计。

①指令栏—控制器—遥控器模块;

②指令栏—变量—创建变量—在打开的对话框中输入变量名为 A；

③拖动创建变量与遥控器模块连接。

（2）遥控器按键动作判断模块设计。

①指令栏—控制—如果执行模块；

②指令栏—控制—条件赋值模块—如果判断条件空当；

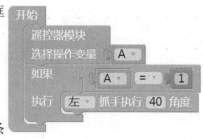

图 2.11　手爪控制程序

③指令栏—变量—拖动变量 A 到被赋值空当；

④指令栏—数字—数字模块 0–赋值空当；

⑤指令栏—控制器—手爪按角度执行模块—选取手爪—设置角度。

3. 运用动作设置设计程序的方法

设计左手爪张开 40° 的动作，并生成动作模块。

（1）动作视图设计。

动作视图设计界面如图 2.12 所示。如前所述，动作视图是较为精确设计机器人各关节舵机动作的编程方法，可以对整个机器人 1 ~ 19 号舵机设置角度，从而完成对动作的设计。

图 2.12　动作视图设计界面

前续步骤，点击 ⊕，可以增加一组动作，如图 2.13 所示，【名字】是该动作的命名，中英文均可，【速度】表示 Aelos Pro 机器人完成这个动作时的速度。数字控制着动作执行的速度，数值范围为 5 ~ 150，数值越高，表示动作执行的速度越快。系统默认的执行速度为 30。【延迟模块】数值在 0 ~ 2 000 之间，数值越大，延迟时间越长，默认延迟时间为 0。Aelos Pro 机器人通过舵机驱动肢体的变化形成动作，频繁的动作会使 Aelos Pro 机器人晃动越来越厉害。为了消除晃动带来的弊端，处理调节动作的速度，就可以采用延迟模块进行时间延迟。

动作视图设计界面中，设计机器人和各关节动作可以点击动作组，选择对应关节舵机，在数值处输入角度值，依此类推，完成 1 ~ 19 号任意舵机角度值设置，完成对动作的设计，如图 2.14 所示。

完成对应舵机角度设置后，需要点击 ⬆ 将对应动作生成为动作模块，便于图形编程调用，在弹出的对话框中输入动作模块名称，如图 2.15 所示，即可在编辑区自动生成黄

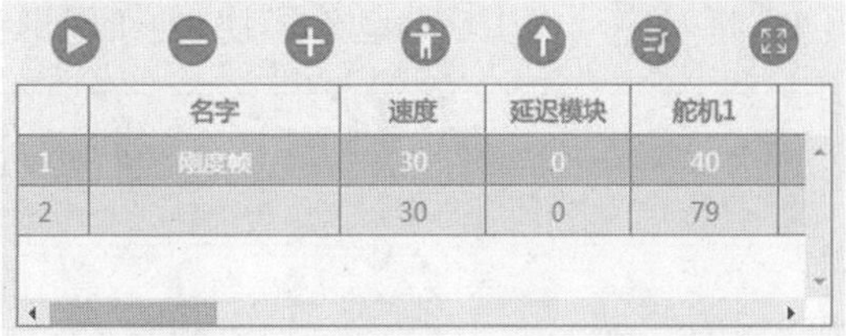

图 2.13 新建一个动作(关键帧)后的动作视图

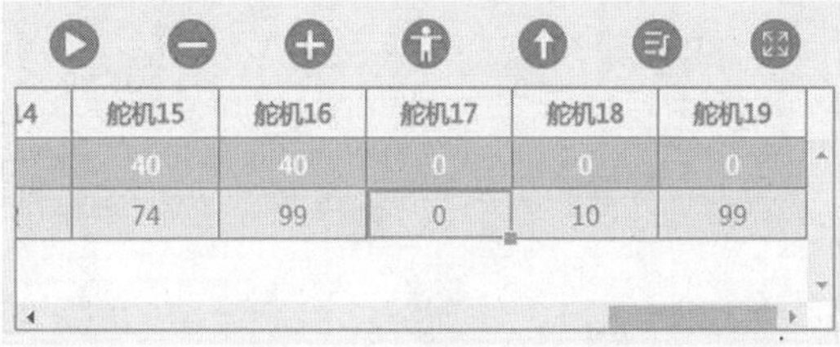

4	舵机15	舵机16	舵机17	舵机18	舵机19
	40	40	0	0	0
	74	99	0	10	99

图 2.14 新建一个动作(关键帧)手爪的角度

色动作模块,如图 2.16 所示。对于该模块可以像基础动作模块一样拖动到需要位置进行编程,如图 2.17 所示。

名字 ×

请输入30个字以内的名称

取消 确定

图 2.15 动作模块命名对话框

图 2.16 编辑区自动生成动作模块

(2)机值视图设计。

如图 2.18 所示,完成新建项目并连接机器人后,可在机值视图模式下通过手动调整机器人各关节舵机,达到设计动作的目的。具体方式如下:

①选择需要调整的机器人位置,进行解锁,即选择需要调整的舵机,通过在数字框输入数值或点击⬍调整舵机角度;

②鼠标单击对应舵机蓝色区域编号,待该舵机区域变为灰色;

③点击动作视图区➕,可以增加一组动作;

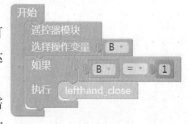

图 2.17 编辑区模块调用示意

④点击动作视图区 ⬆,将对应动作生成为动作模块,便于图形化编程调用。

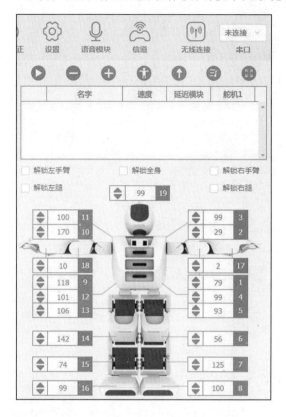

图2.18　机值视图模式下动作设置

2.1.8　程序下载,实践操作

1.遥控器的操作

在本节实例中,由于程序下载到机器人后,启动需要用到遥控器发出信号控制对应动作,因此先介绍一下遥控器的配置和操作。

遥控器如图2.19所示,正面有八个数字按键,侧面有四个数字按键,可以通过编程将设计的动作与按键对应起来,实现按键与动作的对应。左摇杆控制机器人慢走、慢退、左移、右移,右摇杆控制机器人快走、快退、左转、右转。

初次拿到遥控器,需要进行遥控器与机器人遥控通信的信道配置,配置完成才能实现遥控器对机器人的控制,具体配置方式如图2.20所示。

(1)计算机端配置。

通过USB数据线连接机器人,打开编程软件,选择连接端口,点击菜单信道配置,打开对话框可输入信道编号(范围为1~99),点击【确定】,配置成功后弹出对话框,计算机端配置完成。

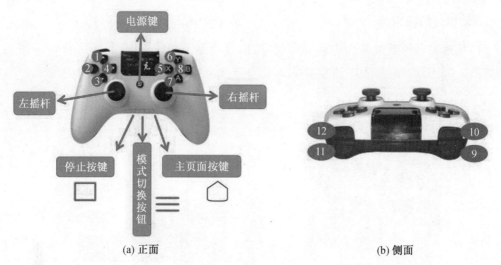

(a) 正面　　　　　　　　　　　(b) 侧面

图 2.19　遥控器

图 2.20　机器人信道配置

（2）遥控器配置。

打开遥控器电源,同时长按 6 号和 7 号键(Y 键和 A 键),听到发声装置长鸣后表示进入遥控器信道设置状态。进入信道设置模式后,屏幕会显示当前手柄的信号值。控制左右摇杆次数与信道相同后,点击手柄【主页面】按键以保存设置,过程如图 2.21所示。

图 2.21　遥控器配置过程

2. 动作分解编程

（1）用遥控器控制机器人走到舞台前方，按遥控器 1 号按键时，机器人执行下蹲动作，如图 2.22 所示，编写程序流程参见 2.1.7 节，遥控器按键 1 程序模块示意如图 2.23 所示。

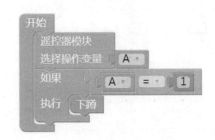

图 2.22　机器人下蹲动作　　　　图 2.23　遥控器按键 1 程序模块示意

（2）按遥控器 2 号按键时，找准娃娃位置，机器人抬起双侧手臂，张开手爪至 35°。该动作需要运用动作编辑方法生成抬双臂模块，具体操作如下：

①选取条件执行模块，变量赋值模块构成遥控器按键 2 的执行条件，如图 2.24 所示；

②在机值视图区，解锁舵机 3、11，将双臂抬起到图 2.25 所示水平位置即可，解除解锁即可看到两个舵机已达到设计角度，点击动作视图 ➕，生成新动作组，点击动作视图 ⬆将对应动作生成为动作模块，在弹出对话框输入名称"抬双臂"，点击【确定】后即在编辑区看到生成的黄色"抬双臂"模块；

图 2.24　遥控器按键 2 程序模块示意　　　图 2.25　机器人抬起双臂动作

③为保持机器人动作稳定,选取延时模块,A 指令栏—控制器—延时模块,空白处输入 800,表示延时 800 ms;B 指令栏—控制器—手爪张开模块,空白处输入 35,表示让手爪张开 35°。

(3)按 3 号按键时,机器人将娃娃抓起,如图 2.26 所示。

按照上述(2)①~②过程,完成抓取动作设计,生成"抓取"模块,遥控器按键 3 程序模块示意如图 2.27 所示。

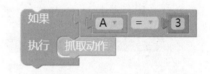

图 2.26　机器人抓起娃娃动作　　图 2.27　遥控器按键 3 程序模块示意

3. 动作设计方法简介

(1)手工扭转法。

手工扭转法就是通过点击舵机 ID,对舵机进行加解锁。解锁舵机,徒手直接扭动 Aelos Pro 机器人关节处的舵机,旋转舵机角度进行机器人形态变化,舵机加锁后软件会读取舵机当前角度值,最终形成既定的动作。手工扭转法的过程如图 2.28 所示。

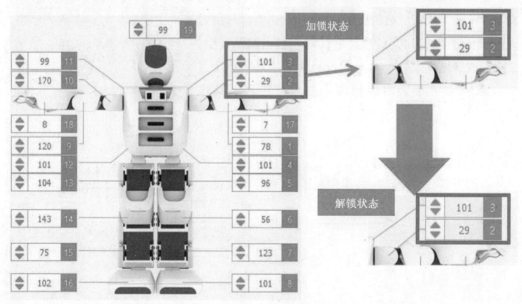

图 2.28　手工扭转法的过程

（2）舵值调整法。

舵值调整法就是通过改变舵机角度值来改变机器人形态。一种是点击小三角，另一种是直接在数字区输入舵机值。舵值调整法的过程如图 2.29 所示。

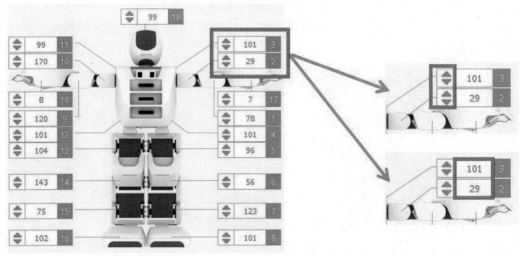

图 2.29　舵值调整法的过程

4. 总程序

为了方便读者验证，整个动作过程的完整程序模块示意如图 2.30 所示，需要注意的是在动作设计过程中要使用手工扭转法，通过点击舵机 ID，对舵机进行加解锁。解锁舵机（或者解锁整体部位），徒手直接扭动Aelos Pro 机器人关节处的舵机，旋转舵机角度进行机器人形态变化，舵机加锁后软件会读取舵机当前角度值，最终形成既定的动作。在上述过程中要注意非相关关节的状态，勿在编程时因操作不当损坏机器人其他关节。

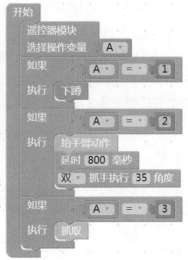

图 2.30　机器人抓娃娃的
完整程序模块示意

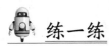 练一练

查阅资料、发挥想象力，运用机器人手爪模块设计一个场景。

2.2 手脚并用来接力

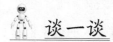 谈一谈

编写 Aelos Pro 机器人手爪模块程序需要注意哪些问题？

2.2.1 接力赛

接力赛又称接力跑，是几个人互相配合，密切协作，分别跑完各自规定距离的集体项目，又是在田径运动中唯一体现集体合作的运动项目，相信大家脑海中浮现出东京奥运会百米接力赛，苏炳添领衔的中国队比赛镜头。与其他快速跑相比，接力赛要求队员有传递接力棒的技术，各棒队员之间要协调配合，保证在快速跑动中完成传接棒，如图2.31所示。所以，接力赛既是发展速度素质、协调性和培养快速奔跑能力的有效手段，又可培养密切合作的集体主义精神。

图2.31 接力赛中的传接棒

正式比赛的接力赛有4×100 m、4×400 m 等。在一般的体育活动中，有不同形式的接力赛项目，如不同距离的团体接力、男女混合接力、往返接力、迎面接力等。作为热爱运动的机器人 Aelos Pro，自然也要参与到接力赛项目中来。

2.2.2 机器人接力赛规则

（1）每个接力区的长度为 50 cm 左右，在中心线前后各 10 cm 内接棒均视为有效接力。

（2）起/终点线（第一直曲段分界线）前后各 10 cm 之间的距离为 4×50 cm 接力的第二、第三、第四接力区。

（3）本接力项目,第二、三、四棒机器人可从接力区后面 10 cm 以内的地方起跑。应在每条分道上清楚标明此预跑线的位置。

（4）接力的第一次交接棒应在各自分道内完成,第二棒及以后各棒机器人必须在接力区内起跑。

（5）接力棒为光滑的空心圆管。接力棒为彩色,以便在比赛中明显可见。

（6）机器人必须手持接力棒跑完全程。如发生掉棒,可以由控制机器人的选手捡起再放至机器人手中。

（7）在所有接力赛跑中,必须在接力区内传递接力棒。接力棒的传递开始于接力棒第一次触及接棒机器人,接棒机器人手持接力棒的瞬间才算完成传递。不允许机器人戴手套或在手上放置某种物质以便更好地抓握接力棒。仅以接力棒的位置决定是否在接力区内完成接力,而不取决于机器人的身体或四肢的位置。在接力区外传接棒将被取消比赛资格。

（8）机器人在接棒之前和传棒之后,应留在各自分道或接力区内,直到跑道畅通,以免阻挡其他机器人。如果机器人在其分段终点处跑离所在位置或跑出分道而故意阻碍其他接力队员,则应取消该接力队的比赛资格。

（9）比赛过程中,全程可用遥控器更改其方向,但身体任何部位不能触碰机器人。

2.2.3　接力赛动作的程序设计

（1）选择适合机器人接力的接力棒,接力棒长度为 20 cm,外圈直径为 2 cm,如图 2.32 所示。

（2）设计一个从接力棒台上抓取接力棒的动作,再设计一个抓取接力棒后退的动作,该动作主要是为了防止撞到接力棒台,如图 2.33 所示。

（3）机器人首棒接力棒抓取成功之后,用遥控器调整位置,另一台机器人在第二棒位置等待,做好预备工作,如图 2.34 所示。

（4）机器人手持接力棒用遥控器走至下一个机器人前。当两台机器人相距一定距离时,将手中的接力棒递给下一个机器人,设计一个递棒动作,使接棒机器人可以接到接力棒。设计该动作时,需要注意递棒和接棒机器人的方向为同向,如图 2.35 所示。

图 2.32　接力棒

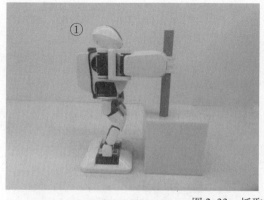

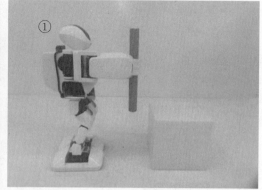

图2.33 抓取接力棒的动作

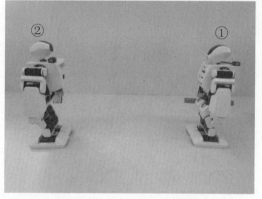

图2.34 第二棒机器人预备

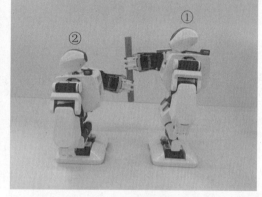

图2.35 递棒和接棒的动作

（5）第二个机器人接棒成功之后，机器人站立，开始进行第二棒的接力，如图2.36所示。

整个接力棒交接过程中，使用遥控器控制程序的执行。①号机器人的操作要求为按遥控器1号键，机器人进行抓取动作，按遥控器2号键进行递棒动作，右手要水平前伸，为方便另一台机器人接棒，接力棒保持竖直。②号机器人按遥控器1号键时，下蹲向后伸出手臂，按遥控器2号键时，握住

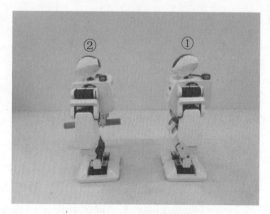

图2.36 第二棒开始接力

接力棒，此时①号机器人按遥控器3号键松开手爪，按遥控器4号键收回手爪，②号机器人按遥控器3号键收回接力手臂，完成接力。完整的动作程序如图2.37所示。

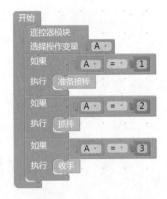

(a) ①号机器人动作程序　　　　(b) ②号机器人动作程序

图 2.37　机器人接力完整的动作程序

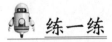 练一练

通过本节学习,提出如何能够让机器人接力动作更加稳定的方法。

2.3　机器人打保龄球

谈一谈

简述机器人接力赛程序的编写过程。

2.3.1　保龄球及其动作设计

1. 保龄球的起源

保龄球(bowling)又称地滚球,是一种在木板球道上用球滚击木瓶的室内体育运动,流行于欧洲、大洋洲和亚洲的一些国家。保龄球比赛以抽签决定道次和投球顺序。比赛时,在球道终端放置 10 个木瓶成三角形,参加比赛者在犯规线后轮流投球撞击木瓶;10轮为一局;经过多局的投球,按击倒的木瓶数计算得分,得分多者为胜。

2. 打保龄球的动作要领

初学者想要打好保龄球,最重要的就是要学好如何助走以及掌握正确的出球方式,助走实际上就是由站在球道上到出球的时候所需要走的路线。右手出球的人,最后把球送出时,应该是右脚交叉在左脚的后面,左手反之。

打保龄球的投球步骤:首先,将右手(或左手)的拇指全部插入球孔,中指和无名指分别插到第二关节最合适,手心托着球到胸前,两手将球拿正,身体摆正,松肩,精神集中,然后起步。四步助走法较常用,如图2.38所示,第1步先从右脚踏出,同时将球向前伸出;第2步左脚踏出,球在手上与身体约成90°;第3步右脚向前踏出时,球的位置放到后面;第4步左脚滑出时,同时将球从手里轻力送出。

图2.38 保龄球四步助走法

3. 打保龄球的姿势要领

(1)持球。

要夹紧胳肢窝,确定身体、肩膀摆正,原本半蹲的姿势也要变成直立,因为腿的姿势如果半蹲,也会消耗能量。持球最好不要将球摆胸前,因为很多人会习惯性地将球摆往右后方,球应该持在与右肩平行的位置,再用左手拖住。如果球摆在胸前,摆球时也应该先将球往右肩平行的位置移动,然后再做摆球的动作。

(2)摆球。

摆球时将原本弯曲的手臂放下伸直并往正后方摆动,这个姿势很重要,持球的位置越高、向后摆的幅度越高,球速就会越快。但是,很多人向后摆的姿势会偏掉,要特别注意胳肢窝仍要夹紧,手仍然要伸直。

(3)出手。

出手时手还是一样伸直,不可弯曲。不可用力,因为姿势对的话,球速自然会增加。

(4)走步。

可将走步速度变快,只是变快不要变乱,因为助走也可以加快球速。

(5)左手。

很多人会忽略左手,所以球速都没完全发挥。左手的作用是在平衡右手的重量,唯有在平衡时速度才能发挥。走步时左手应像老鹰展翅一样,左手抬得越高,能量就聚集越多。注意,出手时不仅右手出力,连左手都应出相等的力气,不然你的姿势会因不平衡而垮掉,出手时左手应向后方撞。

(6)落点。

放球时尽量不要将球腾空,不然很多能量会因和球道碰撞而被抵销,放球时没有声音是最能打出速球的。

4. 机器人打保龄球的设计思路

机器人打保龄球的动作一共分为两步。

（1）机器人从站立到抓取保龄球的动作。

（2）机器人击打保龄球的动作。

5. 道具介绍

球的直径为 7 cm，瓶子的高度和宽度分别为 13 cm 和 4.3 cm，如图 2.39 所示；摆放球的架子如图 2.40 所示；机器人打保龄球的场地如图 2.41 所示。

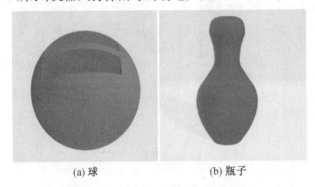

(a) 球　　　　　　　　(b) 瓶子

图 2.39　机器人打保龄球的道具

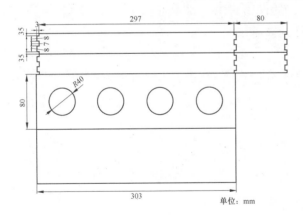

单位：mm

图 2.40　摆放球的架子

图 2.41　机器人打保龄球的场地

6. 机器人打保龄球的程序分析

（1）机器人抓球动作设计：机器人下蹲，手爪打开。将手臂轻微放下，对准球的缺口。手爪放在球的缺口处，闭合手爪，将球拿起。用手爪将球抓起，并站立保持状态。

（2）机器人击球动作设计：将手臂打开，模拟人类打球，将球放在胸前，一只手爪抓住球，另一手爪扶球。双手张开，身体往右倾斜，注意掌握重心。将左脚抬起，准备向前迈进，左脚向前迈进，保持好平衡，双手依然张开。右手往后摆，做好击球准备。注意抓取球动作关键帧。

（3）Aelos Pro动作的关键帧：关键帧是时间轴中含有黑色实心圆点的帧，是用来定义动画变化的帧，也是动画制作过程中最重要的帧类型。任何对动作形态起到转折作用的地方都应提炼为动作关键帧。动作关键帧一定要确保能清楚地表达出动作的形态和走向，动作关键帧少一帧都会影响动作的走向。

2.3.2 机器人打保龄球的程序设计

1. 机器人打保龄球动作设计解析

（1）抓取球动作。把机器人放在特定位置，分析抓取球动作关键帧，如图2.42所示。

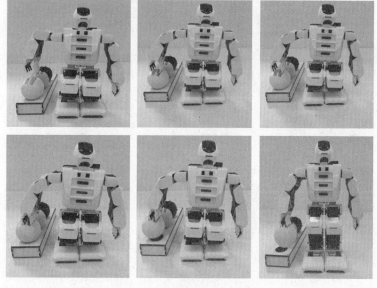

图2.42 抓取球动作关键帧

（2）击球动作。分析击球动作关键帧，如图2.43所示。

2. 重心的掌握

在前面的学习中，可以发现利用动作给机器人编程时，就像人类行走一样，控制身体平衡十分重要，这里探讨如何通过控制重心位置，来保持机器人在做出不同动作时的平衡。

可以用手工扭转法来完成图2.44所示的"金鸡独立"动作，体会机器人重心与平衡的关系。

从物理学的角度来说，物体的重心在竖直方向的投影只有落在物体的支撑面内或支撑点上，物体才可能保持平衡；物体的重心位置越低，物体的稳定程度越高。可以通过图2.45所示的物体和人体动作加以领会。

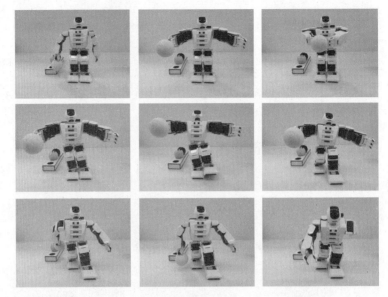

图 2.43　击球动作关键帧

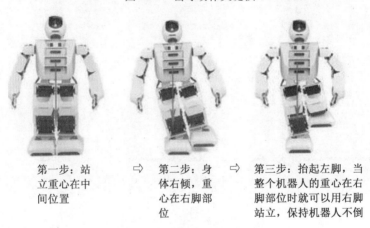

| 第一步：站立重心在中间位置 | ⇨ | 第二步：身体右倾，重心在右脚部位 | ⇨ | 第三步：抬起左脚，当整个机器人的重心在右脚部位时就可以用右脚站立，保持机器人不倒 |

图 2.44　编辑"金鸡独立"动作

3. 抓取球动作设计

设计 Aelos Pro 机器人抓取球动作,按照前述分析,可以按照关键帧逐一渐进设计动作,编程可以采取手工扭转法来完成,具体步骤如下:

(1)抓取球动作,把机器人放在特定位置。

(2)机器人下蹲,手爪打开。

此步骤建议选用程序预设"下蹲"模块,完成下蹲动作,可采用复制方式将预设"下蹲"模块的第一个动作复制产生新动作模块,之后采用手工扭转法,解锁机器人右手臂,将手臂按图 2.46(a)所示扭转,解除锁定,点击动作视图⊕,生成新动作关键帧,进入下一动作设计。

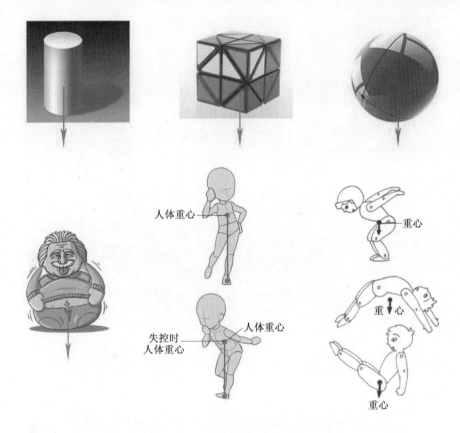

图2.45　物体和人体动作重心示意

（3）机器人手臂轻微放下,对准球的缺口。

解锁机器人右手臂舵机9、18,手动扭转对准保龄球缺口,如图2.46（b）所示,解除锁定,点击动作视图⊕,增加动作关键帧。

（4）手爪放在球的缺口处。

解锁机器人右手臂舵机9,手动扭转对准保龄球缺口,如图2.46（c）所示,解除锁定,点击动作视图⊕,增加动作关键帧。

（5）闭合手爪,准备将球拿起。

解锁机器人右手臂舵机9、18,手动扭转闭合手爪,拿起保龄球,如图2.46（d）所示,解除锁定,点击动作视图⊕,增加动作关键帧。

（6）用手爪将球抓起,并保持站立状态。

解锁机器人右手臂舵机9、18,手动扭转闭合手爪,拿起保龄球,如图2.46（e）所示,点击动作视图⊕,继续采用复制方式将预设"下蹲"模块的第二个动作复制产生新动作模块,增加动作关键帧。

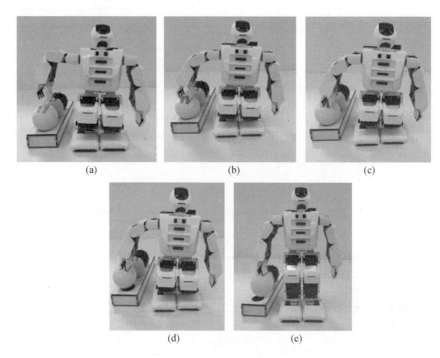

图 2.46　抓取球动作

4. 击球动作设计

设计 Aelos Pro 机器人击球动作流程与抓取球类似,具体操作请读者参照前述方法进行。在设计过程中需要注意动作关键帧之间的关联性,按照动作的执行顺序依次编写程序,即后一帧动作必须在前一帧动作基础之上,编程改变相应舵机角度,添加动作帧,否则会造成动作的不连贯,容易"前功尽弃",动作设计过程如图 2.47 所示。

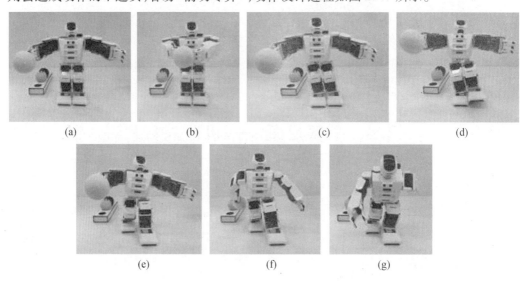

图 2.47　击球动作

（1）将手臂打开，模拟人类打球动作。该动作的前一动作为抓球站立动作，在程序设计过程中可用抓球站立动作作为击球动作的起始动作关键帧。以此为基准，可以逐帧设计击球动作。编程同样采用手动扭转法，此动作与机器人左、右手臂舵机 3 和 11 相关。

（2）将球放在胸前，一只手爪抓住球，另一手爪扶球，此动作与机器人左手臂舵机 1、2 和右手臂舵机 9、10 相关。

（3）双手张开，身体往右倾斜，注意掌握重心，此动作与机器人左手臂舵机 1、2 和右手臂舵机 9、10，左侧身躯舵机 12，右腿舵机 13、14、15、16，右侧身躯舵机 4，右腿舵机 5、6、7、8 相关。

（4）将左脚抬起，准备向前迈进，保持重心稳定，此动作与机器人左侧身躯舵机 12，右腿舵机 13、14、15、16，右侧身躯舵机 4，右腿舵机 5、6、7、8 相关。

（5）左脚向前迈进，保持好平衡，但双手依然张开，保持重心稳定，此动作与机器人左侧身躯舵机 12，右腿舵机 13、14、15、16，右侧身躯舵机 4，右腿舵机 5、6、7、8 相关。

（6）右手往后摆，做好击球准备，保持重心稳定，此动作与机器人右手臂舵机 9、10、11，左侧身躯舵机 12，右腿舵机 13、14、15、16，右侧身躯舵机 4，右腿舵机 5、6、7、8 相关。

（7）右手向前击球，左手向后摆动，右手击球速度适当变大，保证球能扔出去，此动作与机器人右手臂舵机 9、10、11，左侧身躯舵机 12，右腿舵机 13、14、15、16，右侧身躯舵机 4，右腿舵机 5、6、7、8 相关。

5. 编程实践

功能描述：设计动作，机器人击球之后，让机器人保持动作平衡，完成欢呼的动作。用遥控器控制机器人动作，完成机器人打保龄球程序的编写（见图 2.48）。

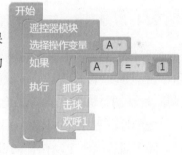

图 2.48　机器人打保龄球程序

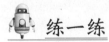

练一练

运用动作设计方法和手爪配合完成 1～2 组动作。

2.4　手舞足蹈——机器人舞蹈

谈一谈

机器人打保龄球动作设计中遇到的问题及解决方法。

2.4.1　手舞足蹈的机器人

舞蹈是一种表演艺术，是用身体来完成各种优雅或高难度的动作。绝大多数舞蹈有音乐伴奏,通过配合音乐节奏的动作来表现多元的社会意义及作用,如运动、社交、求偶、祭祀、礼仪等。在我国5 000年以前就已经出现了舞蹈,古代臣子朝拜帝王时做出特定的舞蹈姿势,是一种礼节。

机器人舞蹈带给人一种新颖、科幻、有趣的感受,你是否在脑海里会想起2016年央视春晚540个机器人同台起舞的画面?是否被它们一致的节奏、整齐划一的舞蹈动作吸引呢? Aelos Pro机器人也曾登上2019年江苏少儿春晚,表演童心萌动的机器人舞蹈《乐聚人形机器人舞》(见图2.49)。

图2.49 《乐聚人形机器人舞》表演

2.4.2 机器人舞蹈动作的编程

通过前面的学习,相信读者对于人形机器人的动作编程有所掌握。在本节的编程学习中,我们将一同运用动作关键帧的方法,一帧一帧地编写机器人的舞蹈动作,在编程软件里,设计调整机器人动作,配合音乐的节奏,一步一步地完成一个机器人舞蹈动作的设计。把编好的程序和配套的音乐下载到机器人中,就完成了一段机器人舞蹈动作的设计。除了机器人每个动作帧的设计,为了和机器人舞蹈的伴奏音乐配合,这里还要注意每帧动作的速度和延迟时间,如图2.50所示。

1. Aelos Pro 机器人的动作速度

动作速度是指人体或人体某一部分快速完成某一动作的能力。动作速度是技术动作不可缺少的要素,表现为人体完成某一技术动作时的挥摆速度、击打速度、蹬伸速度和踢踹速度等,此外,还包含连续完成单个动作在单位时间里重复次数的多少(即动作频率)。

不同的动作速度会给观众带来不同的节奏感。慢节奏的太极拳,使得观众更容易产生太极拳博大精深的感觉,让人充满信心;欢快的《江南Style》,配合快节奏的骑马舞表演,给人轻松、愉悦的感觉。

每一个动作的信息条中都有一个速度选项,这里的速度值表示Aelos Pro完成这个动

	名字	速度	延迟模块	舵机1	舵机2	舵机3	舵机4	舵机5
1	刚度帧	30	0	25	25	25	50	50
2	DELAY 1000SPEED	30	0	79	22	157	100	82
3	001	35	0	79	22	157	99	127
4	002	35	0	160	141	103	99	127

图2.50　机器人动作的速度与延时

作时的速度。数字控制着动作执行的速度,数值范围为5~150,数值越高,表示动作执行的速度越快。系统默认的执行速度为30。

2. 延迟模块

Aelos Pro机器人通过舵机驱动肢体的变化形成动作,频繁的动作会使Aelos Pro机器人晃动得越来越厉害,这种晃动如果用衔接关键帧来解决,有点"大炮打蚊子"的感觉。为了减缓晃动带来的弊端,还可以采用一个相对简单的方法——时间延迟法,来处理调节动作的速度。延迟模块数值在0~2 000之间,数值越大,延迟时间越长,默认延迟时间为0。

3. 刚度

刚度的作用是可以弹性地改变舵机的柔韧性,当机器人做一些不需要舵机吃力的动作时,可以降低舵机的刚度,增加柔韧性,当做一些需要舵机吃力的动作时,可以提高舵机的刚度,增大舵机力量。也就是说,增加舵机的刚度,舵机的力量会增大,柔韧性会变差;减小舵机的刚度,舵机的力量会减小,柔韧性会变好。刚度值范围在0~100,默认值为40。

机器人在做舞蹈动作的时候,需要注意机器人的重心平衡,以及电机的受力,每一个动作除了调整舵机的角度之外,上面讲到的因素也要综合考虑,否则很容易损耗舵机。整个过程最难的是舞蹈动作的编排,可以通过使用现有的舞蹈实例先体验、感受一下。

2.4.3　音乐模块的使用

Aelos Pro机器人下载音乐文件所需要的格式为.MP3,如果使用的音乐文件的格式不是.MP3格式,需要通过格式转换工具将其转换为.MP3格式。

(1)选择一个音乐软件,下载格式为.MP3的音乐文件,如果不是.MP3格式,需要转换为.MP3格式。

（2）打开串口之后，打开机器人的 U 盘模式，如图 2.51 所示。

图 2.51　U 盘模式

（3）打开 U 盘，可看到 music 文件夹，该文件夹即是 Aelos Pro 机器人里面的音乐文件，如图 2.52 所示。

图 2.52　打开 U 盘对话框

（4）打开 music 文件夹，把需要添加的音乐文件添加到 music 文件夹里，如图 2.53 所示。

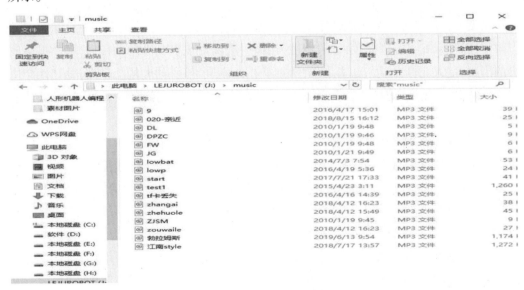

图 2.53　打开 music 文件夹添加音乐文件

（5）在动作视图中点击音乐列表图标 ，然后复制想要的音乐文件，如图 2.54 所示。

（6）将复制过来的音乐文件名字粘贴在请输入音乐名的地方（特别注意：音乐名字必须复制粘贴）。至此舞蹈所需的音乐已经到位，如图 2.55 所示，接下来通过导入官方提供的舞蹈例程完成整个舞蹈动作。

图 2.54　打开音乐列表对话框

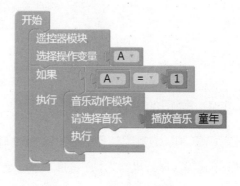

图 2.55　可播放音乐的程序

（7）通过菜单栏中的 导入动作 可以打开计算机端预先设计好的舞蹈动作，如图 2.56 所示。

图 2.56　导入动作

（8）在打开的对话框中选择音乐文件对应的舞蹈动作组，注意动作组文件后缀为 .src，选择该文件，导入成功后点击【确定】，如图 2.57 所示。

图 2.57　打开"导入动作"对话框

(9)点击指令栏【自定义】,即可选择动作模块,将其拖动到执行位置就完成了整个舞蹈的设计,如图2.58所示。

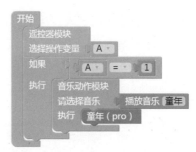

图2.58　完整舞蹈的程序

2.4.4　舞蹈的设计

编写一段30 s的舞蹈动作,动作中需要机器人的头部和手爪配合使用,舞蹈过程中注意使用关键帧,保持机器人动作的稳定性,动作与音乐节拍相吻合。

1. 音乐的编辑

舞蹈伴奏可以选用合适的乐曲,也可以根据设计的舞蹈动作截取一段乐曲片段或多个乐曲片段自行组合。本小节介绍一种用于音乐编辑的软件,可以帮助读者轻松完成音乐的编辑。

GoldWave是一款功能强大的数字音乐编辑软件。它体积小,功能强,可以对声音进行编辑、播放、录制和转换;支持非常多格式的音频文件,也支持从其他录音设备中提取声音,格式转换的速度快,使用方便快捷。GoldWave软件界面如图2.59所示。

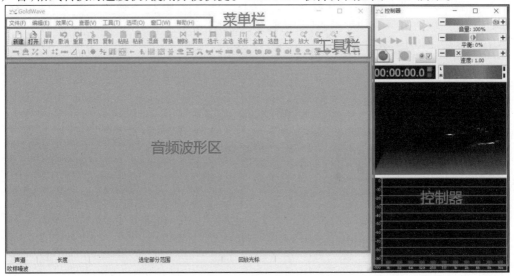

图2.59　GoldWave软件界面

打开文件后音频波形区窗口将出现彩色的声波图,如图2.60所示,绿色代表左声道文件,红色代表右声道文件。

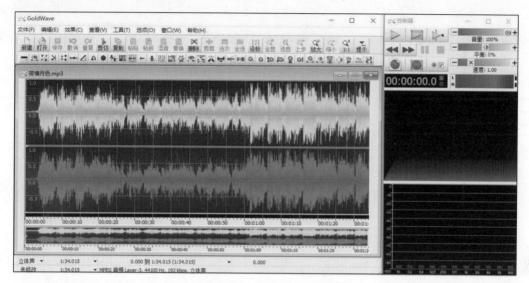

图2.60 GoldWave打开音乐文件后的界面

具体编辑方法如下:

(1)选中需要的音频波形区段以高亮的蓝底色显示。

(2)在起始位置按住鼠标左键并拖拽,选择一定的区段。

(3)拖动选中的左右边缘,可以微调选中的波形区段。

(4)点击"剪裁"按钮后,音频波形区出现被选中的音频波形。

(5)点击"文件"里面的"另存为"进行文件保存,即完成了所需音乐的编辑。

整个音乐编辑过程如图2.61所示,需要注意的是音乐文件另存时,格式请选择MP3。

2. 动作的设计

对于机器人舞蹈动作的设计,可以用"一千个人眼中就有一千个哈姆雷特"来形容,不同的设计者对于音乐所匹配的动作理解大相径庭。在这里,仅设计一个"下蹲举手"的简单动作。

(1)打开机器人串口,在设计动作之前,给该动作增加一个站立动作。在做左侧动作视图区中,点击【增加动作】,会出现站立动作的关键帧,如图2.62所示。

图 2.61　音乐编辑过程

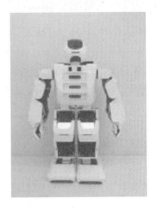

图 2.62　站立动作设置

（2）设计一个下蹲双手平举动作。使用手工扭转法,点击1~16号舵机上的蓝色小方块,将舵机解锁,舵机解锁后方块颜色为灰色。用手掰动机器人完成下蹲并且双手平举动作,再次将这16个舵机全部加锁,点击【增加动作】,如图2.63所示。

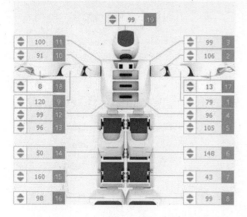

图2.63　双手平举动作设置

（3）解锁10号与2号舵机,将机器人双手上举,加锁,再次点击【增加动作】,如图2.64所示。

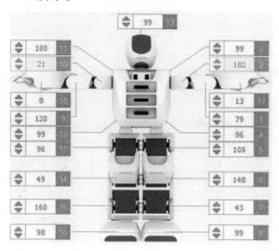

图2.64　双手上举动作设置

（4）双手靠头,为了防止手打到头部,先使用手工扭转法,解锁9号与1号舵机,掰动至头部,加锁。再次使用舵值调整法,点击9号与1号舵机小三角形,将手与头部留有一定的空隙位置,如图2.65所示。

（5）在动作视图区中,点击任意关键帧,机器人会执行该关键帧动作,用于单步动作的修改。点击至第一个关键帧动作,再次点击左侧的【动作预览】,机器人会从第一个关键帧动作执行到最后一个,可以用来观察该动作整体是否流畅或稳定等,如图2.66所示。

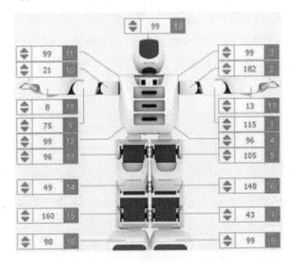

图 2.65　双手靠头动作设置

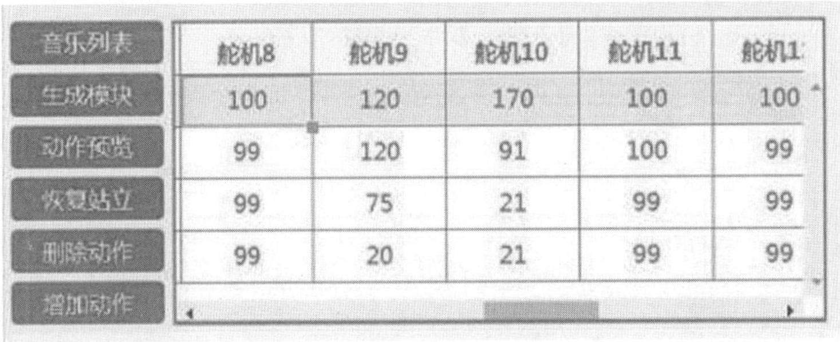

音乐列表	舵机8	舵机9	舵机10	舵机11	舵机1:
生成模块	100	120	170	100	100
动作预览	99	120	91	100	99
恢复站立	99	75	21	99	99
删除动作	99	20	21	99	99
增加动作					

图 2.66　动作视图看到的设计动作

(6)点击动作视图区中的【生成模块】,在弹出的小窗口中输入动作名字,如"下蹲举手",点击【确定】。编辑区会出现一个名为"下蹲举手"的模块,这个模块就是前面设计的动作模块,拖入"开始"内,点击下载,重启机器人,机器人就会执行"下蹲举手"这个动作,如图 2.67 所示。

图 2.67　"下蹲举手"动作模块的生成

接下来,读者可以根据选择好的音乐,编写后续的舞蹈动作。注意:机器人左手爪为 17 号舵机,右手爪为 18 号舵机,舵机的取值范围为 0°~40°,机器人头部对应 19 号舵机。

期待你编辑的精彩机器人舞蹈!

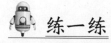 练一练

选择自己喜欢的乐曲,并设计一段配套的机器人舞蹈。

本 章 小 结

在本章学习过程中,从机器人的各个肢体部件开始学起,通过学习它们的功能和作用,掌握它们在使用过程当中的一些基本方法,然后通过程序的编制,熟悉各个部件的基本操作,最终完成一套完整的机器人舞蹈动作。

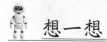 想一想

1.什么是动作速度?

2.重心位置与物体平衡之间有什么关系?

第3章　感知万物"巧"编程

3.1　传　感　器

谈一谈

机器人在舞蹈的编辑过程中应注意哪些问题？

3.1.1　传感器概述

1. 传感器的概念

传感器是一种检测装置，能感受到被测量的信息，并能将感受到的信息按一定规律变换成电信号或其他所需形式的信息输出，以满足信息的传输、处理、存储、显示、记录和控制等要求。

传感器具有微型化、数字化、智能化、多功能化、系统化、网络化等特点。它是实现自动检测和自动控制的首要环节。传感器的存在和发展，让物体有了触觉、味觉和嗅觉等感官，让物体慢慢变得"活"了起来。

2. 传感器的主要作用

人们为了从外界获取信息，必须借助于感觉器官。单靠人们自身的感觉器官，研究自然现象和规律以及生产活动中的功能是远远不够的。为解决这个问题，就需要借助传感器。可以说，传感器是人类五官的延长，又称之为"电五官"。

传感器广泛应用于社会发展及人类生活的各个领域，如工业自动化、农业现代化、航天技术、军事工程、机器人技术、资源开发、海洋探测、环境监测、安全保卫、医疗诊断、交通运输、家用电器等。生活中常见的自动感应水龙头(见图3.1)就是传感器在日常中的典型应用。可以毫不夸张地说,从茫茫的太空,到浩瀚的海洋,各种复杂的工程系统或者现代化项目,都离不开各种各样的传感器。

图3.1　自动感应水龙头

3. 传感器的分类

传感器种类繁多,功能各异。由于同一被测量可用不同转换原理实现探测,利用同一种物理法则、化学反应或生物效应可设计制作出检测不同被测量的传感器,而功能大同小异的同一类传感器可用于不同的技术领域,所以传感器有不同的分类方法。

(1)按传感器感知外界信息所依据的基本效应不同,可分为基于物理效应如声、光、电、磁、热等效应进行工作的物理传感器;基于化学反应如化学吸附、选择性化学反应等进行工作的化学传感器;基于酶、抗体、激素等分子识别功能的生物传感器。

(2)按工作原理不同,可分为应变式、电容式、电感式、电磁式、压电式、热电式等。

(3)根据传感器使用的敏感材料不同,可分为半导体传感器、光纤传感器、陶瓷传感器、金属传感器、高分子材料传感器、复合材料传感器等。

(4)按被测量不同,可分为力学量传感器、热量传感器、磁传感器、光传感器、放射线传感器、气体成分传感器、液体成分传感器、离子传感器、真空传感器等。

(5)按能量关系不同,可分为能量控制型和能量转换型。能量控制型,其变换的能量是由外部电源供给,而外界的变化(即传感器输入量的变化)只能起到控制作用;能量转换型,由传感器输入量变化直接引起能量变化。

(6)按传感器利用场的定律还是利用物质的定律,可分为结构型传感器、物型传感器和复合型传感器。

4. 传感器的主要特性

(1)动态特性。

动态特性是指传感器在输入变化时,输出的特性。在实际工作中,传感器的动态特性常用它对某些标准输入信号的响应来表示。这是因为传感器对标准输入信号的响应容易用实验方法求得,并且它对标准输入信号的响应与它对任意输入信号的响应之间存在一定的关系,往往知道了前者就能推定后者。

(2)分辨率。

分辨率是指传感器可感受到的被测量的最小变化能力。

(3)灵敏度。

灵敏度可理解为放大倍数。提高灵敏度,可得到较高的测量精度。但灵敏度越高,测量范围越窄,稳定性也往往越差。

5. 传感器技术发展阶段

传感器技术历经了多年的发展大体可分三代:

(1)第一代是结构型传感器,它利用结构参量变化来感受和转化信号。

(2)第二代是20世纪70年代发展起来的固体型传感器,这种传感器由半导体、电介质、磁性材料等固体元件构成,是利用材料某些特性制成的。例如,利用热电效应、霍尔效应和光敏效应,分别制成热电偶传感器、霍尔传感器和光敏传感器。

(3)第三代传感器是刚刚发展起来的智能型传感器,是微型计算机技术与检测技术相结合的产物,具有一定的智能性。

中国传感器产业正处于由传统型向新型传感器发展的关键阶段,体现了新型传感器向微型化、多功能化、数字化、智能化、系统化和网络化发展的总趋势。

3.1.2 传感器的工作原理

1. 传感器的组成

传感器一般由敏感元件、转换元件、测量电路三部分组成。

(1)敏感元件:它是直接感受被测量,并输出与被测量有确定关系的某一物理量的元件。

(2)转换元件:敏感元件的输出就是它的输入,将感受到的非电量直接转化为电量。

(3)测量电路:将转化元件输出的电量变换成便于显示、记录、控制和处理的有用电信号的电路。

2. 传感器的基本原理

传感器的基本原理是通过敏感元件及转换元件把特定的被测信号,按照一定规律转换成某种"可用信号"并输出,如图3.2所示,以满足信息的传输、处理、记录、显示和控制等要求。

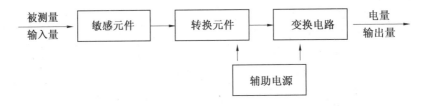

图3.2　传感器原理框图

传感器的作用是把非电学量转换为电学量或电路的通断,从而方便进行测量、传输、处理和控制。

传感器能够感受诸如力、温度、光、声、化学成分等物理量,并能把它们按照一定的规律转换成电压、电流等电学量,或转换为电路的通断。

3. 传感器的类型

(1)电学式传感器。

电学式传感器是非电量电测技术中应用范围较广的一种传感器,常用的有电阻式、电容式、电感式、磁电式及电涡流式传感器等。电阻式光敏传感器如图3.3所示。

图3.3 电阻式光敏传感器

(2)磁学式传感器。

磁学式传感器是利用铁磁物质的一些物理效应制成的,主要用于位移、转矩等参数的测量。磁学式位移传感器如图3.4所示。

图3.4 磁学式位移传感器

(3)光电式传感器。

光电式传感器在非电量电测及自动控制技术中占有重要的地位。它是利用光电器件的光电效应和光学原理制成的,主要用于光强、光通量、位移、浓度等参数的测量。光学式测距传感器如图3.5所示。

(4)电势型传感器。

电势型传感器利用热电效应、光电效应、霍尔效应等原理制成,主要用于温度、磁通、电流、速度、光强、热辐射等参数的测量。霍尔传感器如图3.6所示。

(5)电荷传感器。

电荷传感器是利用压电效应原理制成的,主要用于力及加速度的测量。电荷输出型加速度传感器如图3.7所示。

图 3.5　光学式测距传感器　　图 3.6　霍尔传感器　　图 3.7　电荷输出型加速度传感器

（6）半导体传感器。

半导体传感器利用半导体的压阻效应、内光电效应、磁电效应、半导体与气体接触产生物质变化等原理制成,主要用于温度、湿度、压力、加速度、磁场和有害气体的测量。半导体加速度传感器如图 3.8 所示。

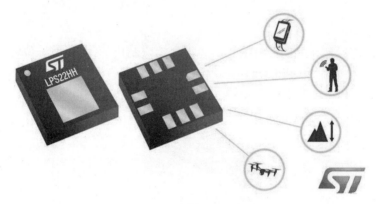

图 3.8　半导体加速度传感器

（7）谐振式传感器。

谐振式传感器利用改变电或机械的固有参数来改变谐振频率的原理制成,主要用来测量压力。谐振式称重传感器如图 3.9 所示。

（8）电化学式传感器。

电化学式传感器是以离子导电为基础制成,主要用于分析气体、液体或溶于液体的固体成分、液体的酸碱度、电导率及氧化还原电位等参数的测量。电化学式传感器如图 3.10 所示。

图 3.9　谐振式称重传感器　　　　图 3.10　电化学式传感器

4. 传感器的选用原则

选用传感器时,应根据几项基本标准,具体情况具体分析,选择性能价格比较高的传感器。选择传感器时应考虑如下几方面的因素:

(1)与测量条件有关的因素。

① 测量的目的;② 被测量的选择;③ 测量范围;④ 输入信号的幅值,频带宽度;⑤ 精度要求;⑥ 测量所需时间。

(2)与传感器有关的技术指标。

① 安装现场条件及情况;② 环境条件(湿度、温度、振动等);③ 信号传输距离。

(3)与使用环境条件有关的因素。

① 安装现场条件及情况;② 环境条件(湿度、温度、振动等);③ 信号传输距离;④ 所需现场提供的功率容量。

(4)与购买和维修有关的因素。

① 价格;② 零配件的储备;③ 服务与维修制度;④ 交货日期。

5. 传感器的应用

随着材料科学、纳米技术、微电子等领域前沿技术的突破以及经济社会发展的需求,以下几个领域可能成为传感器技术未来发展的重点。

(1)可穿戴式应用。

以谷歌眼镜为代表的可穿戴设备是最受关注的硬件创新,如图 3.11 所示。谷歌眼

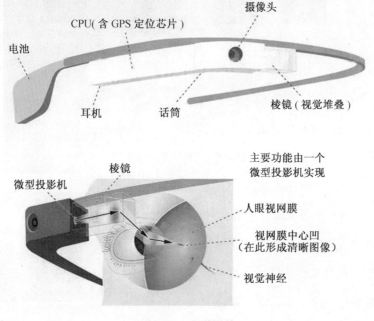

图 3.11 谷歌眼镜

镜内置多达 10 余种传感器,包括陀螺仪传感器、加速度传感器等,实现了一些传统终端无法实现的功能。当前,可穿戴设备的应用领域正从外置的手表、眼镜、鞋子等向更广阔的领域扩展,如电子肌肤等。

(2)无人驾驶领域。

推进无人驾驶发展的传感器技术正在迅猛突破。在该领域,谷歌公司的无人驾驶车辆项目开发取得了重要成果,通过车内安装的照相机、雷达传感器和激光测距仪,以每秒 20 次的间隔,生成汽车周边区域的实时路况信息并利用人工智能软件进行分析,预测相关路况未来动向,同时结合谷歌地图进行道路导航,如图 3.12 所示。

图 3.12　无人驾驶汽车

(3)医护和健康监测领域。

众多医疗行业巨头在传感器技术应用于医疗领域方面已取得重要进展。如罗姆公司目前正在开发一种使用近红外光(NIR)的图像传感器,其原理是照射近红外光 LED 后,使用专用摄像元件拍摄反射光,通过改变近红外光的波长获取图像,然后通过图像处理使血管等更加鲜明地呈现出来。脑电检测仪则是通过生物脑电电极采集生物电信号,用以分析和检测大脑活动的医疗仪器(见图 3.13)。

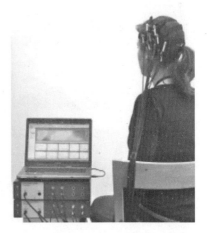

图 3.13　脑电检测仪

（4）工业控制领域。

通过智能传感器将人机连接，并结合软件和大数据分析，可以突破物理和材料科学的限制，或将改变世界的运行方式。

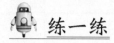

查阅资料，了解传感器未来在其他更多领域里的应用。

3.2 初识 Aelos Pro 机器人传感器

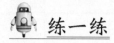 谈一谈

1. 传感器的选用原则有哪些？

2. 传感器未来值得关注的领域有哪些？

3.2.1 Aelos Pro 机器人传感器

Aelos Pro 机器人作为人工智能与机器人有机结合的产品，内置外接共 14 个拓展模块，这些模块使 Aelos Pro 具备丰富的感知与处理能力。读者通过学习，可以根据场景需要任意加载或调用传感器，体验丰富多样的编程过程。

如图 3.14 所示，Aelos Pro 机器人本体搭载内置传感器模块，头部有内置的摄像头、地磁传感器、红外距离传感器和六轴传感器。胸前拓展了三个传感器磁吸接口，自上而下分别是 1 号端口、2 号端口、3 号端口，可以配套多款外置传感器，如人体红外传感器、火焰传感器（需要放在 3 号端口）、触摸传感器、碰撞传感器、光敏传感器、气敏传感器、温度传感器、湿度传感器、风扇模块和 LED 灯模块等，如图 3.15 所示。

在 Aelos Pro 机器人的背后有一个显示屏，屏幕上分别显示 ID1、ID2 和 ID3 三个数值，分别对应三个磁吸接口传感器的数值，MAG 为地磁传感器数值，如图 3.16 所示。在使用传感器的过程中可以通过显示屏了解当前传感器的工作情况和数值大小，对了解传感器的工作原理和程序的编写都有着非常重要的作用。

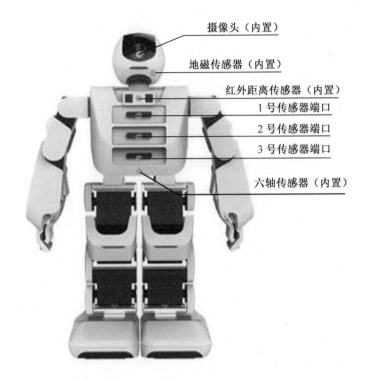

摄像头（内置）

地磁传感器（内置）

红外距离传感器（内置）

1号传感器端口

2号传感器端口

3号传感器端口

六轴传感器（内置）

图 3.14　Aelos Pro 机器人传感器及位置示意

LED 灯

触摸传感器

气敏传感器

光敏传感器

火焰传感器

人体红外传感器

风扇

碰撞传感器

温度传感器

湿度传感器

……

图 3.15　Aelos Pro 机器人外置传感器模块　　　图 3.16　Aelos Pro 机器人显示屏

3.2.2 Aelos Pro 机器人传感器的功能

人类有五种感官体验,分别是视觉、听觉、嗅觉、味觉、触觉。Aelos Pro 机器人的传感器就好比人的感觉器官,可以看到身边的场景,听到周边的声音,闻到周围的味道,感受到周边的事物,人类感官与传感器类型对照见表 3.1。

表 3.1 人类感官与传感器类型对照

人类感官	传感器类型
触觉	压敏传感器、温敏传感器
嗅觉	气敏传感器
视觉	光敏传感器、颜色传感器
听觉	声敏传感器
味觉	化学传感器

例如,Aelos Pro 机器人的摄像头拥有视觉功能,可以进行人脸识别、颜色分辨、定位追踪和视频回传。地磁传感器可以识别方向。红外距离传感器根据与障碍物实际的距离数值进行程序判定。

在 Aelos Pro 机器人的外置传感器中,人体红外传感器可以通过红外线感知人体的存在,进行人体的识别;火焰传感器对火焰非常敏感,可以感知火源的存在;光敏传感器是对外界光信号有响应的敏感装置;触摸传感器可以捕获和记录设备上的物理触摸;碰撞传感器可以感受到外界物体的触碰,像开关一样;气敏传感器用来检测特殊气体的传感器;温度传感器可以感受温度并转换成可输出信号;湿度传感器可以检测空气湿度情况;LED 灯模块和风扇模块可以配合其他传感器完成一些功能场景。

3.2.3 认识红外距离传感器

Aelos Pro 机器人的身体里有内置的传感器——红外距离传感器,在机器人胸口的位置,形状像一个小摄像头,如图 3.17 所示。红外距离传感器根据与障碍物实际的距离数值进行程序判定;其检测范围是 20 ~ 120 cm。

3.2.4 红外距离传感器应用初探

使用 Aelos Pro 机器人自带的红外距离传感器,完成 25 cm 范围内的障碍物检测并能够主动避开障碍物行走。

红外距离传感器

图 3.17 红外距离传感器的位置

程序设计过程中,使用的红外距离传感器模块在指令栏——控制器。

程序的逻辑为:当机器人前面没有障碍物时,机器人直走;当前面有障碍物时,机器人执行左移,程序如图 3.18 所示。

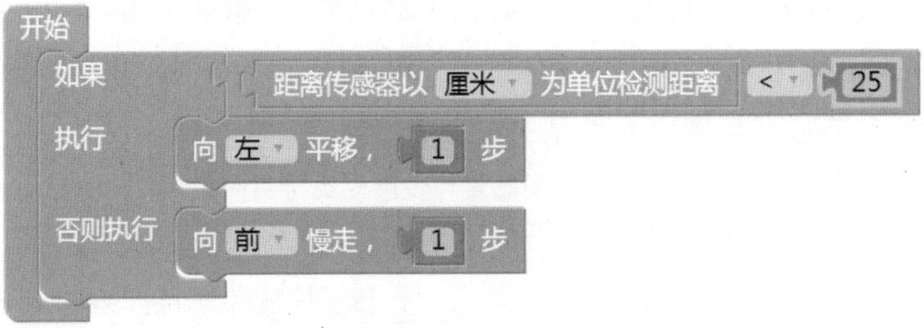

图 3.18　机器人避障简易程序

3.2.5　Aelos Pro 机器人应用编程的实践准备

1. 材料准备

硬件:Aelos Pro 机器人,USB 下载线,Aelos Pro 机器人红外距离传感器(内置)。

软件:aelos_edu 编程软件。

2. 操作步骤

(1)保持机器人电量充足,机器人置于平面上。

(2)打开机器人电源等待启动完成,连接好 USB 下载线。

(3)编辑机器人程序,连接机器人,将编辑完成的程序下载。

(4)断开下载线,按下机器人【RESET】键复位机器人。

(5)10 s 后,根据程序设计,观察机器人动作是否与设计的一致。

3.2.6　红外距离传感器应用编程

通过前面介绍,读者应该对距离传感器的应用有了一定的了解,同时也发现了传感器距离检测和执行只能进行一次。这是由程序结构设计造成的。那么如何让机器人避障程序更完善呢? 这就需要学习下面的内容,以帮助我们把程序变得更完善。

1. 变量

变量来源于数学,是计算机语言中储存计算结果或表示值的抽象概念。变量可以通过变量名访问。在指令式语言中,变量通常是可变的,但在纯函数式语言中,变量可能是不可变的。在一些语言中,变量可能被明确为能表示可变状态、具有存储空间的抽象;但另外一些语言中可能使用其他概念来指称这种抽象,而不严格地定义"变量"的准确外延。在前面的学习中,读者已经使用了编程界面定义的变量,这里就不再赘述。

2. 赋值

为了保证程序执行过程中的正确性,往往需要将使用到的变量在程序开始执行前赋以确定的值,这个将某一数值赋予某个变量的过程,称为赋值。在程序执行过程中,还可以用一定的赋值语句去改变变量值。赋值语句的构成为 赋值 A 为 ,其中,A 指的是一个变量,它也可以用其他字母或汉字名称表示。"为"后面紧跟的是要赋给 A 的值。创建相应变量之后,赋的初始值都为 0。

3. 运用变量赋值,实现左右循环避障功能

程序过程:第一次遇到障碍物时,向左移 3 步;第二次遇到障碍物时,向右移 3 步;第三次遇到障碍物时,向左移 3 步;第四次遇到障碍物时,向右移 3 步……依此循环。

判断条件:红外距离传感器检测值是否小于 25 cm。如果小于 25 cm 说明靠近障碍,需要进行躲避,机器人进行左移(右移)的操作;如果大于 25 cm 则继续前进。左右避障程序如图 3.19 所示。

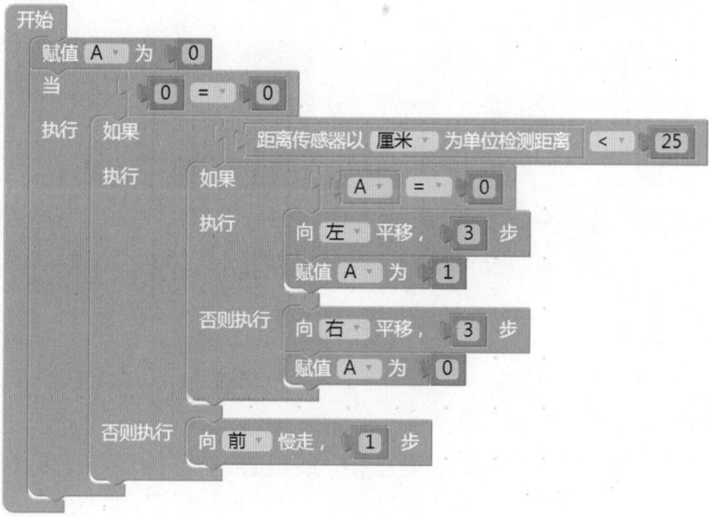

图 3.19　左右避障程序

4. 程序结构分析

在上述任务的程序编程中,机器人会自始至终根据与障碍物的距离来调整自身的动作,左右避障循环进行,无障碍向前慢走。这里用到了编程中的两个程序结构:循环结构和选择结构。

(1)循环结构。

循环结构可以减少源程序重复书写的工作量,用来描述重复执行某段算法的问题,这是程序设计中最能发挥计算机特长的程序结构。循环结构可以看成一个条件判断语句和一个向回转向语句的组合。图 3.20(a)所示的"当……执行"就是一个无限循环语句,在图3.19所示的程序中,通过配合 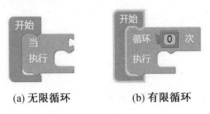条件构成了机器人自主控制中的"死循环",已达到机器人不断执行避障任务的目的。而图3.20(b)所示的有限次循环可以根据设置的次数来执行有限次的循环任务。

(a) 无限循环　　　　　(b) 有限循环

图3.20　常见的循环结构

(2)选择结构。

"如果"条件是选择结构,也称条件判断结构或条件分支结构,即先进行条件判断,当条件符合时执行指令1,条件不符合时执行指令2。这种结构也称分支结构,就像是一个三岔路口,面前两条路,只能选择一条作为前进的方向,而另一条就不会被执行了。常见的选择结构如图3.21所示。

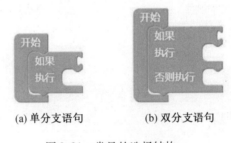

(a) 单分支语句　　　　　(b) 双分支语句

图3.21　常见的选择结构

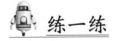练一练

编写机器人第一次向左移、第二次向左移、第三次向右移循环避障程序。

3.3　人体红外传感器

谈一谈

1.红外传感器有哪些分类?

2.红外距离传感器有哪些应用领域?

3.3.1　人体红外传感器的原理及应用

1. 初识人体红外传感器

人体红外传感器又称热释电红外传感器,其结构如图3.22所示。广泛应用于防盗报警、来客告知及非接触开关等红外领域。

为了抑制因自身温度变化而产生的干扰,该传感器在工艺上将两个特征一致的热电元件反向串联或接成差动平衡电路方式,如图3.23所示,因而能以非接触式方式检测出物体放出的红外线能量变化并将其转换为电信号输出。

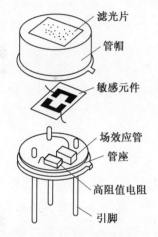

图3.22　热释电红外传感器结构

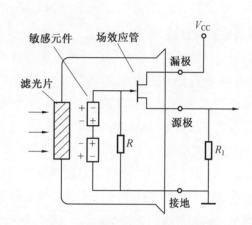

图3.23　热释电红外传感器原理图

2. 被动式热释电红外传感器的工作原理

人体都有恒定的体温, 一般在37 ℃,所以会发出波长为10 μm左右的红外线,被动式红外探头就是靠探测人体发射的10 μm左右波长的红外线而工作的。

3. 人体红外传感器在生活中的应用

(1) 自动门。

热释电红外自动门主要由光学系统、热释电红外传感器、信号滤波和放大器、信号处理器和自动门电路等组成。菲涅尔透镜可以将人体辐射的红外线聚焦到热释电红外探测元上,同时也产生交替变化的红外辐射高灵敏区和盲区,以适应热释电探测元要求信号不断变化的特性。自动门实物图如图3.24所示,注意图中阴影区域为红外线范围示意,实际是不可见的。

图 3.24　自动门

（2）防盗报警系统。

热释电红外传感器是报警器设计中的核心器件，它可以把人体的红外信号转换为电信号以供信号处理部分使用；信号处理主要是把传感器输出的微弱电信号进行放大、滤波、延迟、比较，为报警功能的实现打下基础。当闯入者穿过红外探测器时，红外探测器即向报警主机发出信号，报警主机随即报警。一款红外报警器如图 3.25 所示。

（3）非接触式水龙头。

非接触式水龙头利用红外线反射原理制作，当人手放在水龙头的红外线区域内时，红外线发射管发出的红外线由于人手的遮挡反射到红外线接收管，通过集成电路内的微电脑处理后的信号发送给脉冲电磁阀，电磁阀接收信号后按指定的指令打开阀芯控制水龙头出水；当人手离开红外线感应范围时，电磁阀没有接收信号，电磁阀阀芯则通过内部的弹簧进行复位来控制水龙头关水。生活中常见的非接触式水龙头如图 3.26 所示。

图 3.25　红外报警器　　　　　图 3.26　非接触式水龙头

4. 认识 Aelos Pro 机器人的人体红外传感器

人体红外传感器是根据红外线反射原理研制的。即当人手或人身体的某一部分在红外线区域内时，红外线发射管发出的红外线由人手或身体遮挡反射到红外线接收管，通过集成线路内的微电脑处理后输出信号。

Aelos Pro 机器人的人体红外传感器模块如图 3.27 所示，该模块的磁吸接口均为磁吸防反插设计,安装方便快捷,应避免强插反插,如图 3.28 所示。

图 3.27　Aelos Pro 机器人的人体红外传感器模块　　图 3.28　人体红外传感器模块的磁吸接口

5. 人体红外传感器的特征

将人体红外传感器放在机器人磁吸接口上,根据机器人屏幕显示的数值来观察传感器发生的变化。观察可知,未感应到人时数值为 0,感应到有人时数值为 164 左右。感应距离和活物的大小有关,一个人在 2 m 以内就能被感应到。需要注意的是人体红外传感器模块上有两个可调电位器,用于调节传感器灵敏度,读者可根据实际情况调整。

6. 人体红外传感器模块的编程应用

(1)编程软件中,在控制器模块找到传感器模块,拖拽到编辑区。

(2)若传感器放在 1 号端口,把模块中选择端口设为 1。

(3)对变量进行命名时,设为 A 或者其他字母,代表人体红外传感器,如图 3.29 所示。

(4)编程时可根据传感器的识别特征编辑机器人动作程序。

图 3.29　人体红外传感器模块的编程应用

7. 程序流程图

程序流程图是用规定的符号描述专用程序中所需要的各项操作或判断的图示,着重说明程序的逻辑性与处理顺序,具体描述了计算机解题的逻辑及步骤。读者掌握了流程图的使用和逻辑关系,可以在后续的程序编程中更好、更快地设计出机器人的智能化动作。常用的流程图符号见表 3.2。

表 3.2　常用的流程图符号

符号	解释	符号	解释
	开始与结束符号		处理过程 （计算、存储等）
	逻辑判断，根据某一条件决定程序走向		输入、输出操作
	连接符，流程图太长时，用来连接两页流程图		连接线

任何复杂的程序算法，都可以由顺序结构、选择（分支）结构和循环结构这三种基本结构组成，如图 3.30 所示。因此，只要规定好三种基本结构流程图的画法，就可以画出任何算法的流程图。

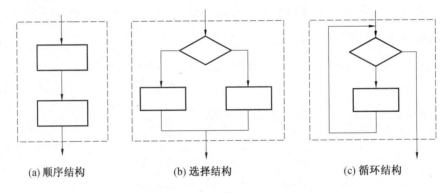

(a) 顺序结构　　　　(b) 选择结构　　　　(c) 循环结构

图 3.30　程序设计的基本结构

顺序结构是简单的线性结构，各框按顺序执行。语句的执行顺序为：A→B→C。

选择（分支）结构是对某个给定条件进行判断，条件为真或假时分别执行不同的框的内容。

循环结构有两种基本形态：无限循环和循环次数型循环。无限循环，其执行序列为：当条件为真时，反复执行框中程序，一旦条件为假，跳出循环，执行循环紧后的语句。循环次数型循环，其执行序列为：不用进行条件判断，程序执行到该位置时，根据设定的次数循环执行模块中的程序。

3.3.2　"彬彬有礼"机器人的实践

1. 程序的编写

生活中经常会看到迎宾服务的工作人员，当有客人来时，他们会鞠躬，热情地问候"欢迎光临"，客人离开时，他们会说"欢迎下次光临"。其实 Aelos Pro 机器人也可以完成这项工作。

（1）流程图。

首先判断前方是否有人，如果有人，条件成立，进入鞠躬程序；如果没人，条件不成立，进入站立程序，如图3.31所示。

（2）程序。

当人体红外传感器感应到前方有人时，机器人执行鞠躬动作；没有人时，执行站立动作。编写程序并下载到机器人中进行实践，程序如图3.32所示。

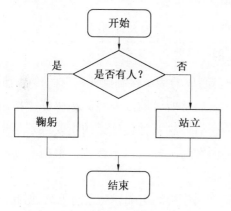

图3.31 迎宾机器人程序流程图

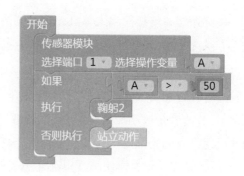

图3.32 迎宾机器人程序

2. 音乐格式及编程

运用音乐模块，当人体红外传感器感应到前方有人时，机器人执行鞠躬动作，并播放"欢迎光临"声音，没有人时，执行站立动作，如图3.33所示。

3. 实践

下载或制作"欢迎光临"声音，用U盘模式为Aelos Pro机器人添加音乐。具体操作步骤如下：

（1）保持机器人电量充足，机器人置于平面。

（2）打开机器人电源等待启动完成，连接好USB下载线。

（3）将人体红外传感器置于Aelos Pro机器人1号传感器端口。

（4）编辑"彬彬有礼"机器人程序，如图3.34所示，连接机器人，将编辑完成的程序下载。

（5）断开下载线，按下机器人【RESET】键复位机器人。

（6）10 s后，根据程序设计，通过人体红外传感器触发机器人，观察机器人动作是否与设计的一致。

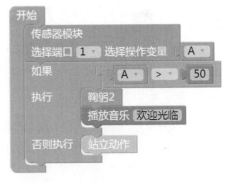

图 3.33　常用音乐模块编程示意　　　　图 3.34　"彬彬有礼"机器人程序

4. 红外距离传感器和人体红外传感器的区别

人体红外传感器是一种采用高热电系数材料制成的用于探测红外辐射的传感器,其本身是不带红外辐射源的被动式红外传感器。而通常所说的红外距离传感器是指由红外发射管和红外接收管组成的对射或反射式传感器。这两种传感器的主要区别是工作原理不同,前者是被动探测红外辐射,后者是主动发射红外线再由接收器根据光线被遮挡或反射接收的光强度变化来完成探测工作。

在 Aelos Pro 积木模块编程中红外距离传感器用于检测与障碍物之间距离,据此机器人遇到障碍物进行避障,人体红外传感器主体是感应人的存在。虽然两者都利用了红外线的特性,但是在使用过程中一定要注意区分两者的功能区别。

5. 红外距离传感器和人体红外传感器的搭配使用

功能描述:机器人慢走,遇到障碍物,保持站立,如果此时检测到有人,机器人做挥手动作。编写程序并将程序下载到机器人中进行实践。

程序解析:将人体红外传感器放在 2 号磁吸端口,设置变量为 A,当红外距离传感器检测到有障碍物时,机器人保持站立;当 A 大于 50 时,表示检测到有人在,机器人执行挥手动作,否则一直慢走,程序如图 3.35 所示。

图 3.35　两种红外传感器搭配完成任务的程序

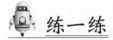

编程实践:机器人慢走,遇到障碍物,第一次左移3步,第二次左移3步,第三次右移3步……如果此时检测到有人,机器人做鞠躬动作。

3.4 触摸传感器

谈一谈

热释电红外传感器的工作原理是什么?

3.4.1 初识触摸传感器

触摸传感器主要在物体或人体与其物理接触时起作用,它与按钮或其他更多手动控制不同,触摸传感器更敏感,并且通常能够以不同的方式响应不同类型的触摸,例如敲击、滑动和挤压。图3.36所示是一款常用的触摸传感器。

在日常生活中,触摸传感器广泛应用于电子产品的触摸屏。

图3.36 一款常用的触摸传感器

触摸屏按各种形式可以分为以下几类。

(1)按照触摸屏的工作原理和传输信息的介质不同,可以分为电阻式、电容感应式、红外线式,以及表面声波式触摸屏。

(2)按安装方式不同,可以分为外挂式(触摸检测装置直接安装在显示设备的前面)、内置式(触摸检测装置安装在显示设备的外壳内)和整体式。

(3)按技术原理不同,可以分为矢量压力传感技术触摸屏、电阻技术触摸屏、电容技术触摸屏、红外线技术触摸屏、表面声波技术触摸屏。

3.4.2 触摸传感器的原理及应用

1. 触摸屏的工作原理

为了操作方便,人们用触摸屏代替鼠标或键盘工作,必须首先用手指或其他物体触碰安装在显示器前端的触摸屏,然后系统根据被手指触摸的图标或菜单位置来定位选择信息输入,触摸屏由触摸检测部件和触摸屏控制器组成。

触摸检测部件安装在显示器屏幕前面,用于检测用户触摸位置,接收触摸信息后送触摸屏控制器;而触摸屏控制器的主要作用是从触摸点检测装置上接收触摸信息,并将它转换成触点坐标,再传送给CPU,同时就能接收CPU发来的命令并加以执行。

2. 触摸传感器在生活中的应用

（1）指纹解锁。

如图 3.37 所示，用手轻轻触摸指纹显示屏，进行解锁。

（2）电子手表。

如图 3.38 所示，轻轻触摸显示屏，电子手表会显示相应的功能。

（3）电子秤。

如图 3.39 所示，物体与电子秤进行接触，显示屏会显示物体的质量。

图 3.37　指纹解锁　　　　图 3.38　电子手表　　　　图 3.39　电子秤

3.4.3　触摸传感器程序的编写与实践

1. 实践准备

（1）材料准备。

硬件：Aelos Pro 机器人，USB 下载线，Aelos Pro 机器人触摸传感器。

软件：aelos_edu 编程软件。

（2）操作步骤。

①保持机器人电量充足，将机器人置于平面上；

②打开机器人电源等待启动完成，连接好 USB 下载线；

③将触摸传感器置于 Aelos Pro 机器人 2 号端口；

④编辑机器人程序，连接机器人，将编辑完成的程序下载；

⑤断开下载线，按下机器人【RESET】键复位机器人；

⑥10 s 后，根据程序设计，通过触摸传感器触发机器人，观察机器人动作是否与设计的一致。

在机器人磁吸端口放置触摸传感器，观察机器人背后的数值，轻触触摸传感器，再次观察机器人背后的数值。观察可以发现，触摸传感器初始为 255，轻触触摸传感器时，数值变为 1 或 0，数值变小。Aelos Pro 机器人触摸传感器如图 3.40 所示。

2. 实践案例1

功能描述：按下触摸传感器，机器人做下蹲动作，否则站立。

程序解析：把触摸传感器放在2号端口，设置变量为A，根据触摸传感器的使用特点，触摸数值为0或1，设置"A小于100"（也可以设置小于它的其他数值）表示触摸传感器已经开启，机器人执行下蹲动作，如果没有进行触摸，机器人则保持站立状态，程序如图3.41所示。

图3.40 Aelos Pro机器人触摸传感器

3. 实践案例2

功能描述：按下触摸传感器，机器人站立，风扇转动，否则风扇不转。

程序解析：将触摸传感器设置在1号端口，设置变量为A，当按下触摸传感器时，机器人的风扇开启，风扇开启时输出为1，因为1号端口设置在触摸传感器，把风扇设置在2号端口，如果没有被触摸，机器人保持站立，风扇也不运行，程序如图3.42所示。

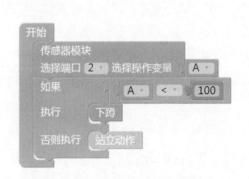

图3.41 触摸传感器实践案例1程序

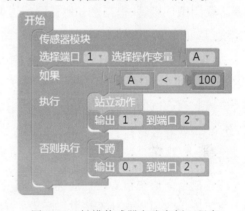

图3.42 触摸传感器实践案例2程序

4. 实践案例3

功能描述：当按下触摸传感器后，开启红外避障程序。

程序解析：将触摸传感器设置在2号端口，设置变量为A，当按下触摸传感器时，机器人进行左右避障（利用红外距离传感器原理，前方感应到有障碍物，机器人进行左移5步，否则执行右移5步），如果没有遇到障碍物，机器人保持站立的状态，程序如图3.43所示。

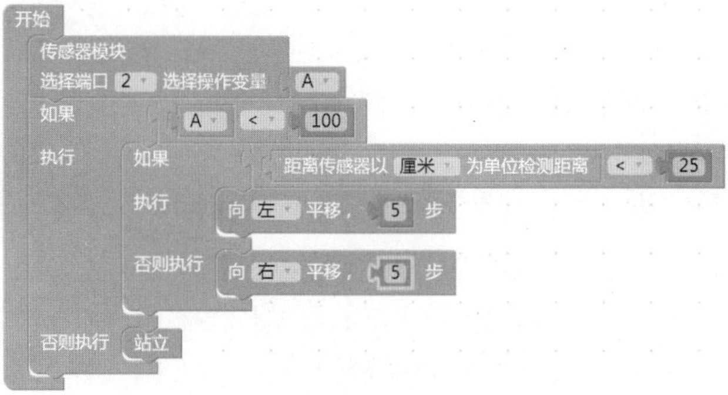

图 3.43　触摸传感器实践案例 3 程序

3.4.4　"无人驾驶"实践

1. 汽车的无人驾驶系统

无人驾驶汽车是一种智能汽车,也可以把它看成一种轮式移动机器人,主要依靠车内以计算机系统为主的智能驾驶仪来实现无人驾驶。无人驾驶汽车利用车载传感器来感知车辆周围环境,并根据感知所获得的道路、车辆位置和障碍物信息,控制车辆的转向和速度,从而使车辆能够安全、可靠地在道路上行驶。无人驾驶汽车集自动控制、体系结构、人工智能、视觉计算等众多技术于一体,是计算机科学、模式识别和智能控制技术高度发展的产物,也是衡量一个国家科研实力和工业水平的一个重要标志,在国防和国民经济领域具有广阔的应用前景。

2. 无人驾驶的特点

(1)安全稳定。

汽车制造商集中精力设计能确保汽车安全的系统,安全是拉动无人驾驶车需求增长的主要因素。防抱死制动系统其实就是一种无人驾驶系统,此系统可以监控轮胎情况,了解轮胎何时即将锁死,并及时做出反应。而且反应时机比驾驶员把握得更加准确。防抱死制动系统是引领汽车工业朝无人驾驶方向发展的早期技术之一。

(2)自动泊车。

高级泊车导航系统通过车身周围的传感器来将车辆导向停车位(也就是说驾驶者完全不需要手动操作),导航开始前,驾驶者需要找到停车地点,把汽车开到该地点旁边,车载导航显示屏将提示汽车如何运行。自动泊车系统是无人驾驶技术的一大成就。

3. 无人驾驶程序的应用原理

Aelos Pro 机器人可以运用无人驾驶系统的场景模拟无人驾驶系统程序。当机器人前方遇到障碍物时,进行躲避,否则继续前行。无人驾驶期间需要解决两大问题:①接收外界的信息,获取机器人和外界障碍物之间的距离;②根据所获得的距离信息执行相应的动作指令。

功能描述:机器人保持站立,按下触摸传感器,机器人执行慢走,如果检测到前方有障碍物,机器人右移,否则一直慢走。

程序解析:将触摸传感器放在1号端口,设置变量为A,当按下触摸开关时,开始慢走,当前方遇到障碍物时,机器人进行右移,程序如图3.44所示。编写上述程序并下载到机器人进行实践。

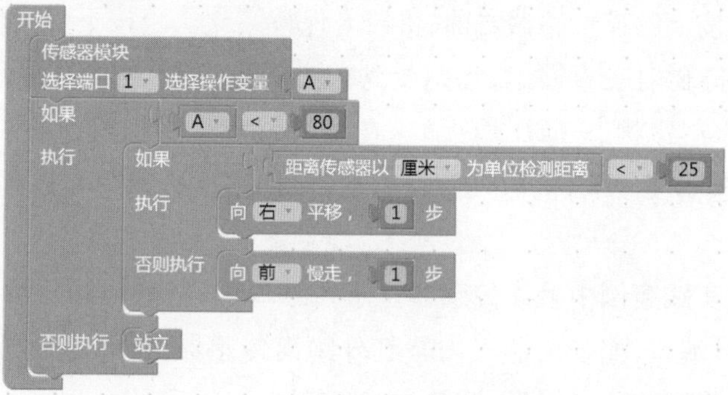

图3.44 无人驾驶编程程序

操作提示:触摸传感器在此实践案例中位于1号传感器端口,配合机器人内置红外距离传感器工作。

4. 程序编写

下面通过两个机器人避障案例,感受无人驾驶程序编写中对于障碍物检测和避障的设计方法与技巧。

(1)实践案例1。

功能描述:按下遥控器1号键,机器人下蹲一次后停止运动,直到触摸传感器开启后,开始重复执行挥手、下蹲动作;按下遥控器2号键,机器人重复前拥抱动作,当感受前方有障碍物后,停止动作,程序如图3.45所示。

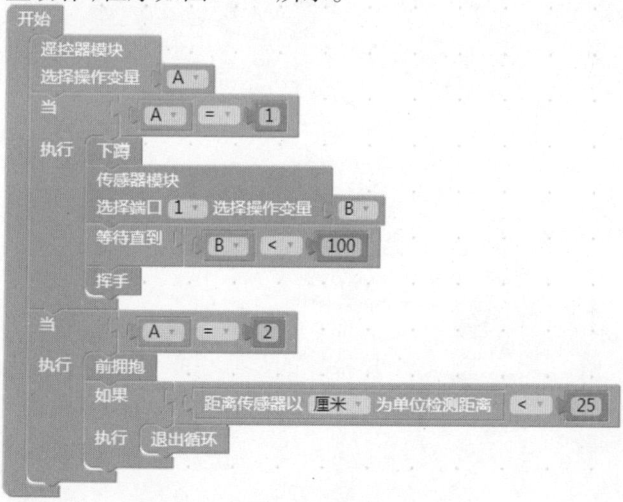

图3.45 触摸传感器实践案例1程序

退出循环模块:退出程序中离当前模块最近的一个循环结构。

等待直到模块:等待模块,直到触发满足条件后继续执行程序。

操作提示:触摸传感器在此实践中位于1号传感器端口,配合机器人内置红外距离传感器工作,整个机器人运行通过遥控器1号按键控制,将遥控器开机后,调整至兼容模式。

(2)实践案例2。

功能描述:未按下触摸传感器之前,机器人保持站立。当按下触摸传感器后,机器人开始避障程序,无障碍时一直慢走,当感受到前方有障碍时,机器人左移5步,左移的同时 LED 灯亮起(非左移状态 LED 熄灭)。在整个避障程序执行过程中(包括左移和慢走),如果碰撞传感器被按下,机器人停止运动,保持站立。编写上述程序并下载到机器人中进行实践。

操作提示:此实践案例中触摸传感器位于3号端口,碰撞传感器位于2号端口,LED 显示模块位于1号端口,配合机器人内置红外距离传感器工作,整个机器人运行通过遥控器1号键控制,将遥控器开机后,调整至兼容模式。

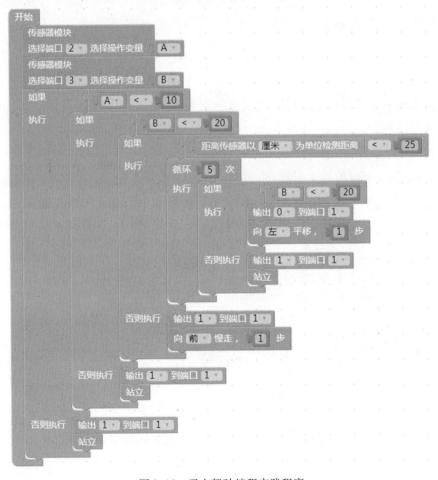

图 3.46　无人驾驶编程实践程序

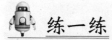 练一练

利用触摸传感器和红外距离传感器进行实践,优化无人驾驶程序。

3.5 地磁传感器

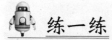 谈一谈

无人驾驶系统运用了什么工作原理?

3.5.1 地磁传感器的原理及应用

地磁传感器是利用磁性物体在地磁场中的不同运动状态,感知地磁场的分布变化,用来指示被测物体姿态和运动角度的一种测量装置。我国四大发明之一的指南针就是最早的地磁传感器。

1. 指南针的发展进程

指南针的主要组成部分是一根装在轴上的磁针,磁针在天然地磁场的作用下可以自由转动并保持在磁子午线的切线方向上,磁针的南极指向地理南极(磁场北极),利用这一性能可以辨别方向。常用于航海、大地测量、旅行及军事等方面。历史上有过三种指南针,分别是司南、罗盘和磁针,均属于中国的发明。指南针是中国古代劳动人民在长期的实践中对磁石磁性认识的结果。作为中国古代四大发明之一,它的发明对人类的科学技术和文明的发展,起了不可估量的作用。

(1)司南。

东汉学者王充在《论衡》中记载:"司南之杓,投之于地,其柢指南",是早期对司南比较清楚的描述。司南是用天然磁铁矿石琢成一个杓形的东西,放在一个光滑的盘上,盘上刻着方位,利用磁铁指南的作用,可以辨别方向,是指南针的始祖,如图 3.47 所示。

(2)磁针。

磁针通常是狭长菱形,中间支起,可在水平方向自由转动,磁针在地磁场作用下能保持在磁子午线的切线方向上,如图 3.48 所示。磁针的北极指向地理的北极(地磁的南极),利用这一性能可以辨别方向。

(3)罗盘。

罗盘,又叫罗经仪,是用于风水探测的工具。罗盘主要由位于盘中央的磁针和一系列同心圆圈组成,每一个圆圈都代表着中国古人对于宇宙大系统中某一个层次信息的理解,如图 3.49 所示。

图 3.47　司南　　　　　　　　图 3.48　磁针　　　　　　　　图 3.49　罗盘

2. 指南针的基本原理

指南针红色端指向的是地球的北方。为了保证指南针的通用性,按照国际标准设计制作的指南针如图 3.50 所示,磁针红色端为磁针的北极,用 N 表示(磁针蓝色端为磁针的南极,用 S 表示)。在指南针中红色端 N 指向的是北边,因为地球的地理北极实际上是地球磁场的南极,所以根据异性相吸的原则,磁针北极会被吸引而指向磁场南极,也就是地理的北极方向。

同理,制作磁针的磁铁有两极,N 极和 S 极,而且同名磁极相互排斥,异名磁极相互吸引。也就是人们常说的"同性相斥、异性相吸"。

为了理解磁铁间的这种作用,我们必须了解磁场的概念。磁场是存在于磁体周围的一种看不见摸不着的物质,这种物质的作用是对磁铁有力的作用。条形磁铁磁场示意图如图 3.51 所示。一个磁铁会在周围空间产生磁场,而这个磁场就会对另一个磁铁有力的作用。如果在磁铁周围放置一堆小磁针,那么小磁针的 N 极指向就会与磁场方向相同。在磁体外部,磁场是从磁体的 N 极指向磁体的 S 极。

人们根据指南针在地球表面可以指南北的特点,推断出地球是具有磁场的,这就称为地磁场,如图 3.52 所示。地球的磁场与条形磁铁的磁场非常像。根据小磁针 N 极向北指的特点,人们分析出地磁场的的方向是从南向北的,这就得出了结论:地磁场的 N 极其实在地理南极附近,而地磁场的 S 极在地理北极附近,地磁南北极与地理南北极是相反的。

图 3.50　指南针

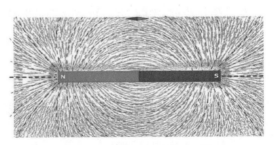

图 3.51　条形磁铁磁场示意图

4. 霍尔效应

霍尔效应在 1879 年被美国物理学家霍尔发现，是指当电流通过一个位于磁场中的导体的时候，导体中会产生一个与电流方向及磁场方向均垂直的电势差，且电势差的大小与磁感应强度的垂直分量及电流的大小成正比。本质上讲就是运动的带电粒子在磁场中受洛伦兹力作用而引起的偏转。

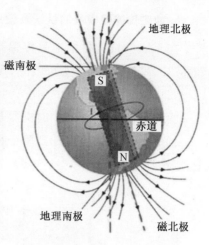

图 3.52 地磁场

根据霍尔效应做成的霍尔器件，就是以磁场为工作媒介，将物体的运动参量转变为数字电压的形式输出，使之具备传感和开关的功能。霍尔器件在现代汽车上应用最为广泛，例如，ABS 系统中的速度传感器、汽车速度表和里程表、液体物理量检测器、各种用电负载的电流检测及工作状态诊断、发动机转速及曲轴角度传感器、各种开关等。

5. Aelos Pro 机器人地磁传感器

地磁传感器是机器人内置的一个传感器，利用前述的原理，把磁信号转换为电信号，供机器人控制使用。在机器人后面显示屏右下角的 MAG 就是地磁传感器的数值，如图 3.53 所示。

（1）地磁传感器的使用方法。

使用地磁传感器前，需要给机器人地磁校准（没有校准读数不准确）。矫正方法为：机器人开机，显示屏出现地磁校准提示，如图 3.54 所示，然后旋转机器人 6~8 圈。

图 3.53 地磁传感器读数

图 3.54 地磁校准提示

（2）地磁传感器的数值与方向之间的关系。

将 Aelos Pro 机器人放在平坦的地面上，然后缓慢转动 Aelos Pro 机器人，观察 LED 屏幕上 MAG 数值的变化，通过观察可以发现数值与方向的关系，正北为 0°，正南为 180°，正西为 90°，正东为 270°。

6. 地磁传感器模块的认识及使用

在 aelos_edu 软件中地磁传感器模块位于"指令栏—控制器"中,地磁传感器模块如图3.55所示。模块显示数值和"读取地磁传感器检测到的角度",其表示的意义基本相同。

实践:当角度大于180°时机器人右转,否则左转。

程序执行完毕,可以看到两个程序的执行效果一致,如图3.56所示。

图 3.55　地磁传感器模块

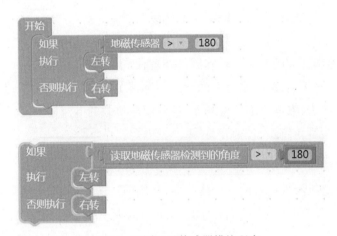

图 3.56　不同地磁传感器模块程序

3.5.2　地磁传感器模块的应用

1. 实践准备

(1)材料准备。

硬件:Aelos Pro 机器人,USB 下载线,Aelos Pro 机器人内置地磁传感器。

软件:aelos_edu 编程软件。

(2)操作准备。

①保持机器人电量充足,机器人置于平面上;

②打开机器人电源等待启动完成,连接好 USB 下载线;

③编辑机器人程序,连接机器人,将编辑完成的程序下载;

④断开下载线,按下机器人【RESET】键复位机器人;

⑤10 s 后,根据程序设计,内置地磁传感器触发机器人,观察机器人动作是否与设计的一致。

2."西南方向"的程序编写

回顾:地磁传感器的数值与方向的关系,正北为 0°,正南为 180°,正西为 90°,正东为270°。

功能描述:编写机器人一直朝向西南方向慢走程序,编写程序并将程序下载到机器人中进行实践。

程序解析:机器人在行走的过程中不能保证朝着唯一度数的方向行走,可以朝向一定夹角方向行走。机器人往西南方向前行,正西方向的角度是90°,正南方向的角度是180°,当取读到地磁传感器检测角度小于180°时,往左转行走,当取读到地磁传感器检测角度大于90°时,往右转行走,保证机器人一直沿着西南方向前行,如图3.57所示。

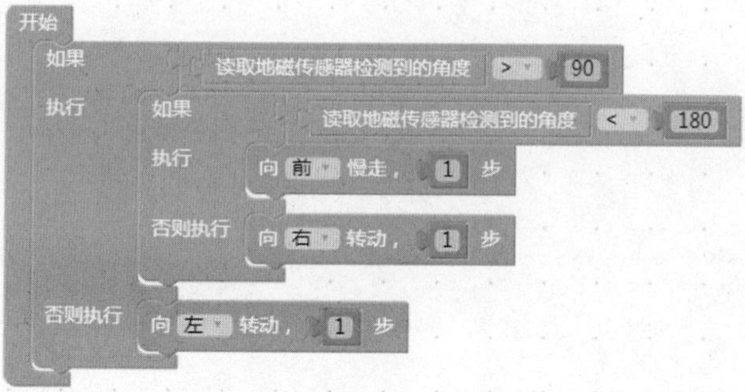

图 3.57 "西南方向"程序

3. "一路向南"的程序编写

功能描述:将机器人随机放在一个位置,通过地磁传感器感知所处位置,如果机器人正好朝南则一直向前行,如果并不朝南,则根据实际位置进行左转或右转调整位置。

选择结构的嵌套:

(1)第一层选择结构中判断条件为角度是否大于170°,若小于170°,则执行左转,大于170°的情况下进入第二层选择条件判断。

(2)第二层判断条件为是否小于190°,若大于190°,则执行右转。

(3)反之则为正南方向,一直前行。

程序解析:机器人执行向南行走的程序,根据实际位置进行左转或右转调整位置,将检测的角度缩小到170°到190°之间,当判断条件角度小于170°时,执行左转,大于170°小于190°时,执行右转,处于正南方向,一直前行,如图3.58所示。

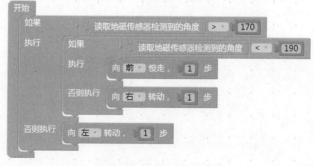

图 3.58 "一路向南"程序

4. 地磁传感器搭配其他传感器的程序编写

功能描述：机器人一直向西南方向行走，感应到有人，做举右手示意的动作。

程序解析：机器人往西南方向前行，正西方向的角度是90°，正南方向的角度是180°，在向西南方向慢走的过程中感应到有人时，做举右手的动作打招呼，否则继续前行，如图3.59所示。

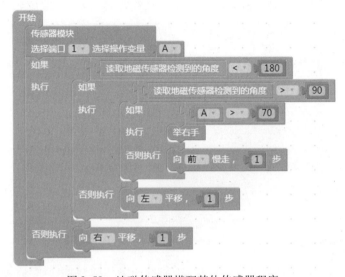

图3.59　地磁传感器搭配其他传感器程序

5. "绝地求生"的程序编写

绝地求生是一款战术竞技型射击类游戏，精英们穿过重重障碍，最后取得战争的胜利。夜间的荒漠异常寒冷，玩家饥渴交困，得知西南方向不远处有一片绿洲，只要一直沿着西南方向前进就可以走出荒漠，获得新生。机器人可以帮助我们在正确的方向上不断前进，跨越重重障碍，最终抵达目的地。

功能描述：利用红外距离传感器和地磁传感器，一直沿着西南方向前进，当超出西南方向范围（90°~180°）时，及时左转或右转以调整方向重新进入指定范围，在指定范围内前进过程中，当前方有障碍物时，随机左移或右移5步，继续前进。

程序解析：

（1）声明变量。

想要实现移动的"随机性"，需要用到一个新的编程模块——随机数。声明一个变量A，赋值A为1和2之间的随机数，如图3.60所示。

图3.60　随机数模块

（2）"左顾右盼"程序设计。

机器人检测到前方有障碍物时，会左右摆头引起注意，让后面的伙伴有警惕性。运用 Aelos Pro 动作编程软件设计左右摇头的动作，生成模块，命名为"左顾右盼"。

（3）辨别方向。

机器人朝着西南方向前进，利用地磁传感器，当 Aelos Pro 面向 90°～180°方向范围时，快速前进；面向小于 90°的方向时，左转；面向大于 90°的方向时，右转，如图3.61所示。

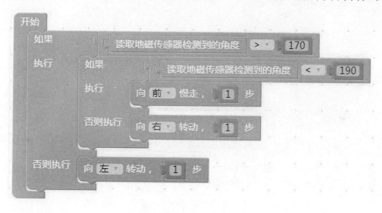

图 3.61　辨别方向程序

（4）检测障碍。

检测障碍需要用到红外距离传感器。Aelos Pro 机器人在快速前进过程中，如果检测到前方有障碍物，则通过随机左移或者右移进行躲避，至于朝哪个方向移动，则取决于变量 A 的取值，这里需要用到一个"如果……执行……否则执行……"模块来分别执行 A＝1 和 A＝2 时的行为，如图3.62 所示。

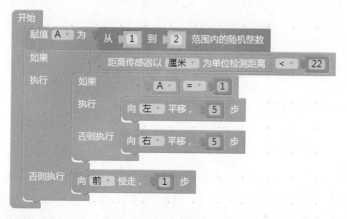

图 3.62　检测障碍程序

（5）总程序的整合。

编写上述程序（见图3.63）并下载到机器人中进行检验，看 Aelos Pro 机器人"绝地求生"操作。

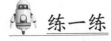

图 3.63 "绝地求生"程序

练一练

运用已学习的传感器,优化"绝地求生"程序。

3.6　光敏传感器

谈一谈

简述"绝地求生"程序的分解动作。

3.6.1　初识光敏传感器

光敏传感器是对外界光信号或光辐射有响应或转换功能的敏感装置。它的种类繁多,主要有光电管、光电倍增管、光敏电阻、光敏二极管、光敏三极管、太阳能电池、红外线传感器、紫外线传感器、光纤式光电传感器、色彩传感器、CCD 和 CMOS 图像传感器等。常见的光敏传感器如图 3.64 所示。最简单的光敏传感器是光敏电阻,当光子冲击接合处就会产生电流。

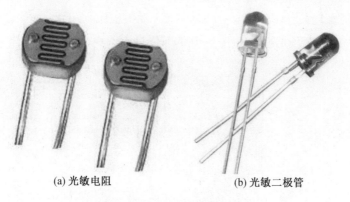

(a) 光敏电阻　　　　　　(b) 光敏二极管

图 3.64　常见的光敏传感器

3.6.2　光敏传感器的原理及应用

1. 光敏传感器的工作原理

光敏传感器是利用光敏元件将光信号转换为电信号的传感器,它的敏感波长在可见光波长附近,包括红外线波长和紫外线波长。光敏传感器不只局限于对光的探测,它还可以作为探测元件组成其他传感器,对许多非电量进行检测,只要将这些非电量转换为光信号的变化即可。注意:光敏传感器采用防静电袋封装。在使用的过程中应该避免在潮湿的环境中使用,还应该注意表面的损伤和污染程度,会影响光电流。

2. 光敏传感器在生活中的应用

光敏传感器中最简单的电子器件是光敏电阻,它能感应光线的明暗变化,输出微弱的电信号,通过简单电子线路放大处理,可以控制 LED 灯具的自动开关。因此在自动控制和家用电器中得到广泛的应用,例如,在电视机中做亮度自动调节、照相机中做自动曝光,另外,在路灯航标灯自动控制电路、卷带自停装置及防盗报警装置中起了重要作用。光敏传感器还可以应用于太阳能草坪灯、光控小夜灯、照相机、监控器、光控玩具、声光控开关、摄像头、防盗钱包、光控音乐盒、生日音乐蜡烛、音乐杯、人体感应灯、人体感应开关等电子产品光自动控制领域。

3.6.3　Aelos Pro 机器人光敏传感器

光敏传感器是对外界光信号或光辐射有响应或转换功能的敏感装置,Aelos Pro 机器人光敏传感器采用光敏电阻作为光检测元件,配合信号调整电路完成光信号的处理,如图3.65所示。让光敏传感器位于机器人的 1 号拓展端口,观察机器人背后的数值,会发现数值与光线强度成反比,即光线越强,数值越小。80～100 作为白天黑夜的分界线。

图 3.65　Aelos Pro 机器人
光敏传感器

（1）实践案例1。

功能描述：机器人在光敏数值小于30的时候慢走1步，否则站立。

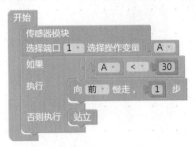

图3.66　光敏传感器实践案例1程序

（2）实践案例2。

功能描述：白天机器人保持站立，当有人靠近，做敬礼动作。晚上机器人保持站立，当有人靠近时播放声音。

程序解析：机器人在白天和晚上都保持站立的状态，将它们放在一起。将光敏传感器设置在1号端口，人体红外传感器设置在2号端口。人体红外传感器数值大于70表示有人在的情况，光敏传感器数值大于70表示天黑的状态。天黑的情况下，感应到有人，则播放声音。否则属于白天的状态，有人靠近时，做敬礼的动作，如图3.67所示。

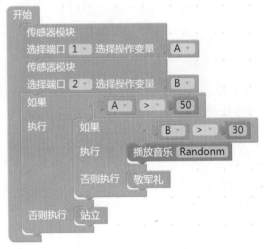

图3.67　光敏传感器实践案例2程序

3.6.4　"智能闹钟"实践

1. 实践准备

（1）材料准备。

硬件：Aelos Pro机器人，USB下载线，Aelos Pro机器人光敏传感器、人体红外传感器。

软件：aelos_edu编程软件。

（2）操作准备。

①保持机器人电量充足，机器人置于平面上；

②打开机器人电源等待启动完成,连接好 USB 下载线;

③将光敏传感器置于 Aelos Pro 机器人 1 号端口,将人体红外传感器置于 Aelos Pro 机器人 2 号端口;

④编辑机器人程序,连接机器人,将编辑完成的程序下载;

⑤断开下载线,按下机器人【RESET】键复位机器人;

⑥10 s 后,根据程序设计,通过触摸人体红外传感器触发机器人,观察机器人动作是否与设计的一致。

2. 光敏传感器搭配其他传感器的程序编写

功能描述:机器人在白天机器人,保持站立,当前方有人靠近时,机器人执行鞠躬动作;晚上机器人慢走,当前方有人靠近时,播放声音。编写程序并下载到机器人进行实践。

程序解析:将 1 号端口设置光敏传感器,2 号端口设置人体红外传感器。光敏传感器数值越小,光强度越大;数值越大,光强度越小。光敏传感器数值小于 30,表示黑天的状态,人体红外传感器数值大于 80,表示有人来了,播放音乐"有人来了"。光敏传感器的数值大于 30,表示白天的状态,白天感应到有人了,机器人执行背手鞠躬的动作,否则保持站立,如图3.68所示。

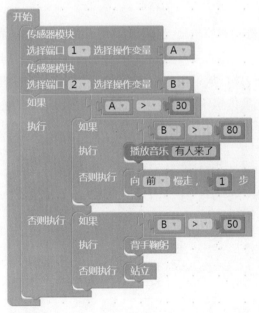

图 3.68 光敏传感器搭配其他传感器程序

3."智能闹钟"的程序编写

准备工作:制作程序所需音频,并添加到机器人 U 盘里。

(1)实践案例 1。

功能描述:机器人保持站立状态,当太阳刚升起来时,光线还不是很强,机器人提醒主人起床;当太阳完全升起时,光线很强的时候,机器人会提醒主人一起做运动。

程序解析:将 2 号端口放置光敏传感器,当光敏传感器数值小于 100 且大于 20 时,说明天刚亮,光敏传感器提醒主人起床;当光敏传感器数值小于 20 时,天很亮了,提醒主人一起做运动,如图 3.69 所示。

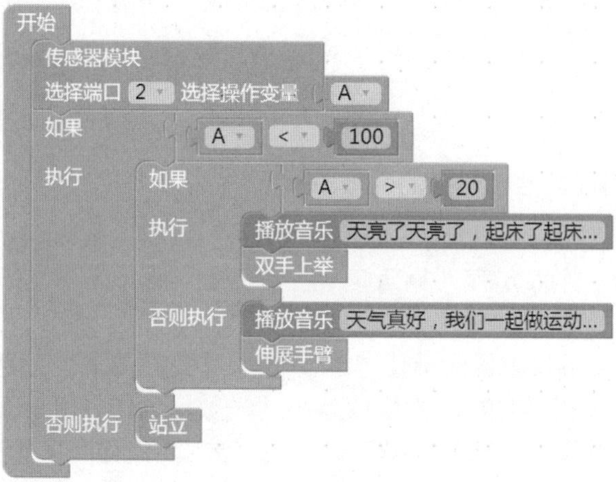

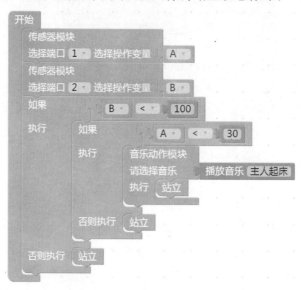

图 3.69　智能闹钟实践案例 1 程序

(2)实践案例 2。

功能描述:用触摸传感器控制闹铃,当感应到天亮的时候,播放音乐"主人起床",如果按下触摸传感器按钮,机器人会停止播放,否则机器人保持站立状态。

程序解析:将光敏传感器放置在 1 号端口,设置变量为 A,触摸传感器放置在 2 号端口,设置变量为 B,当光敏传感器感应到天亮的时候,播放音乐"主人起床",如果按下触摸传感器按钮,机器人会停止播放,否则机器人保持站立状态,如图 3.70 所示。

图 3.70　智能闹钟实践案例 2 程序

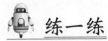 练一练

智能闹钟实践案例2中机器人会一直提醒,结合触碰传感器,在程序的基础上优化,做出一个可以被控制的机器人。

3.7 气敏传感器

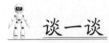 谈一谈

简述智能闹钟程序的编写过程。

3.7.1 初识气敏传感器

气敏传感器是用来检测气体浓度和成分的传感器,它在环境保护和安全监督方面起着极其重要的作用。常用的气敏传感器如图3.71所示。气敏传感器暴露在各种成分的气体中使用,由于检测现场温度、湿度的变化很大,又存在大量粉尘和油雾等,所以其工作条件较恶劣,而且气体对传感元件的材料会产生化学反应物,附着在元件表面,往往会使其性能变差。所以对气敏传感器的要求:能够检测报警气体的允许浓度和其他标准数值的气体浓度,能长期稳定工作,重复性好、响应速度快、对共存物质所产生的影响小等。

图3.71 常见的气敏传感器

3.7.2 气敏传感器的原理与应用

1.气敏传感器的工作原理

声波器件表面的波速和频率会随外界环境的变化而发生漂移。气敏传感器就是利用这种性能在压电晶体表面涂覆一层选择性吸附某气体的气敏薄膜,当该气敏薄膜与待测气体相互作用(化学作用或生物作用,或者是物理吸附)时,使得气敏薄膜的膜层质量和导电率发生变化时,引起压电晶体的声表面波频率发生漂移;气体浓度不同,膜层质量和导电率变化程度亦不同,即引起声表面波频率的变化也不同。通过测量声表面波频率

的变化就可以获得准确的反应气体浓度的变化值。

2. 气敏传感器在生活中的应用

气敏传感器的应用主要包括一氧化碳气体的检测、瓦斯气体的检测、煤气的检测、氟利昂(R11、R12)的检测、呼气中乙醇的检测、人体口腔口臭的检测等。它将气体种类及其与浓度有关的信息转换成电信号,根据这些电信号的强弱就可以获得与待测气体在环境中的存在情况有关的信息,从而可以进行检测、监控、报警;还可以通过接口电路与计算机组成自动检测、控制和报警系统。由于气体种类繁多,性质各不相同,不可能用一种传感器检测所有类别的气体,因此,能实现气-电转换的传感器种类很多,按构成气敏传感器材料可分为半导体和非半导体两大类,感兴趣的读者可以自行通过网络查阅相关资料。

3.7.3 Aelos Pro 机器人气敏传感器

Aelos Pro 机器人气敏传感器为酒精传感器,常用于酒精检测仪中,如图 3.72 所示。酒精探测仪只需要让司机对准仪器吹口气,仪器会直接显示出"饮酒""醉酒"字样,或者是显示酒精含量数据,判定属于哪种情况。该仪器非常灵敏和准确,只要喝了酒,就能被及时地检测出来。

图 3.72　Aelos Pro 机器人气敏传感器

1. 酒精探测仪的工作原理

酒精探测仪检测功能主要依靠酒精传感器,酒精探测仪中嵌入了酒精传感器,传感器电路中的电阻值会由于呼出气体中的酒精浓度不同而发生改变。

2. Aelos Pro 机器人气敏传感器的特点

当将酒精传感器刚安装在 3 号端口上时,显示 ID3 对应的数值为 255,这是由于酒精传感器还没有完成预热。等待 1 ~ 2 min,待 ID3 对应的值降低到相对稳定范围时,完成了酒精传感器预热。一般情况下,酒精传感器获取到的数值范围为 80 ~ 100。

3.7.4 "智能交警"实践

1. 交通道路规范常识

在交通警察执勤过程中,通常需要查看司机驾驶证、行车证等信息,并通过酒精检测仪检测司机是否饮酒。此外,智能交警不仅能够辨别是否酒驾,还要能够根据酒精检测结果做出相应的判断,对酒驾司机做出相应的处罚。请根据全国酒驾数据标准以及酒驾处罚标准,结合文字识别、语音合成等模块完成智能小交警程序。

全国酒驾数据标准:

血液中酒精含量<20 mg/100 ml,不构成饮酒驾车行为;

20 mg/100 ml≤血液中酒精含量<80 mg/100 ml,为酒后驾驶;

血液中酒精含量≥80 mg/100 ml,为醉酒驾驶。

酒后开车很容易发生交通事故,不管是对他人还是自己都非常危险。为了自己的安全,更为了家人的安全,提醒大家,尽量少喝酒,喝酒不开车。

2. 酒精检测仪的原理

机器人气敏传感器可以检测酒精的浓度,浓度越高,数值越高。我们可以尝试制作一个酒精报警器,根据酒精传感器值的特点,将酒精浓度分为三个范围:当 ID 值低于 130 时,未检测到酒精;当 ID 值在 130～180 之间时,轻度饮酒;当 ID 值高于 180 时,酗酒。并将 LED 灯安装在 2 号磁吸口,用于显示饮酒状况。当未检测到酒精时,LED 灯熄灭;当轻度饮酒时,LED 灯慢闪;当酗酒时,LED 灯快闪。LED 灯的输出为 0 时,处于亮的状态;当输出为 1 时,灯熄灭。

3. 实践准备

(1)材料准备。

硬件:Aelos Pro 机器人,USB 下载线,Aelos Pro 机器人气敏传感器。

软件:aelos_edu 编程软件。

(2)操作步骤。

①保持机器人电量充足,机器人置于平面上;

②打开机器人电源等待启动完成,连接好 USB 下载线;

③将气敏传感器置于 Aelos Pro 机器人 1 号端口;

④编辑机器人程序,连接机器人,将编辑完成的程序下载;

⑤断开下载线,按卜机器人【RESET】键复位机器人;

⑥10 s 后,根据程序设计,通过气敏传感器触发机器人,观察机器人动作是否与设计的一致。

4. 酒精测试仪程序的编写

程序解析:将气敏传感器设置在 1 号端口,LED 灯设置在 2 号端口,当气敏传感器小于 130 的时候,表示没有饮酒,保持站立状态;当数值在 130～180 之间时表示轻度饮酒,LED 灯进行慢闪;当数值大于 180 时,LED 灯进行快闪,如图 3.73 所示。

在程序中会发现使用的是"当……执行……",一旦酒精浓度达到了所设置的范围,就会不停地执行循环体中的指令,这是因为在检测酒驾时,司机对着酒精检测仪呼气后,从口腔中带出来的酒精会随之消散,这样酒精检测器的数值就会降低,可能就会漏掉了一个酒驾的司机。所以要用一个"当……执行……"无限循环,一旦酒精浓度达到了要求,就保持警示状态。

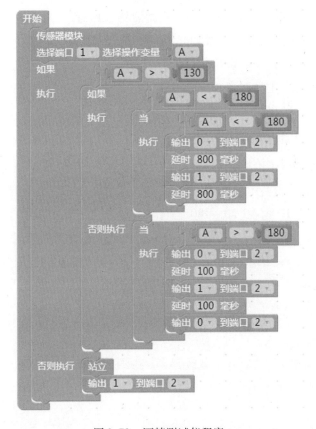

图 3.73　酒精测试仪程序

5. Aelos Pro 机器人交警

机器人接受酒精检测仪的考验,现在可以替代警察完成执勤任务了,当机器人的红外距离传感器感应到有人来,执行挥手的动作,播放音乐,执行任务,如果气敏传感器感应到数值小于130,表示没有饮酒,保持站立状态,播放音乐,正常通行;如果数值在130~180之间,表示轻度饮酒,胸前警报器亮起、慢闪,播放音乐,提示酒驾;如果数值大于180,表示醉驾,警报器快闪,播放音乐,提示醉驾。

6. 智能交警程序分解

(1)当机器人的红外距离传感器感应到有人来时,执行招手的动作,播放音乐"执行任务",程序如图3.74所示。

(2)如果气敏传感器感应到数值小于130,表示没有饮酒,保持站立状态,播放音乐"正常通行";如果数值在130~180之间,表示轻度饮酒,胸前警报器亮起、慢闪,播放音乐"酒驾";如果数值大于180,表示醉驾,警报器快闪,播放音乐"醉驾",程序如图3.75所示。

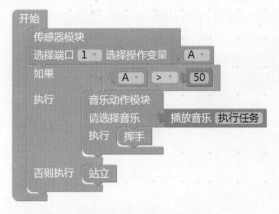

图 3.74 智能交警子程序 1

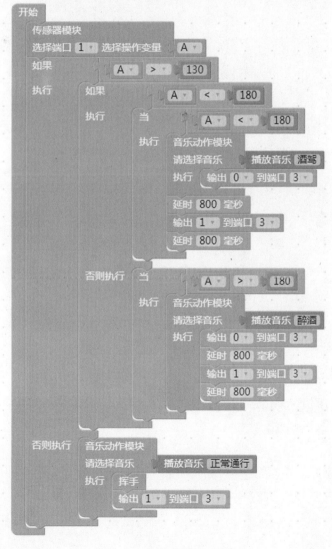

图 3.75 智能交警子程序 2

（3）完成智能交警程序整合，程序如图3.76所示。

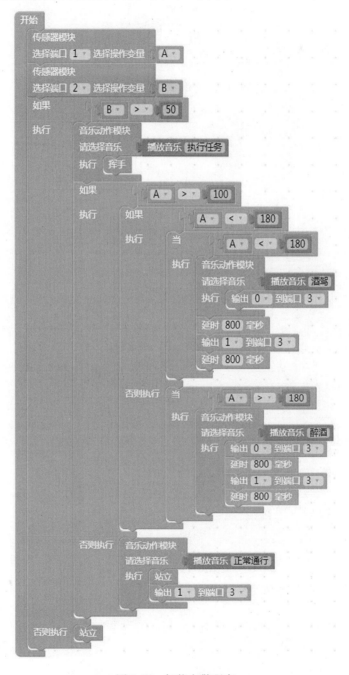

图3.76　智能交警程序

知识链接

酒驾的处罚标准如下：

(1)饮酒后驾驶机动车的,处暂扣六个月机动车驾驶证,并处一千元以上二千元以下罚款。因饮酒后驾驶机动车被处罚,再次饮酒后驾驶机动车的,处十日以下拘留,并处一千元以上二千元以下罚款,吊销机动车驾驶证。

(2)醉酒驾驶机动车的,由公安机关交通管理部门约束至酒醒。吊销机动车驾驶证,依法追究刑事责任;五年内不得重新取得机动车驾驶证。

(3)饮酒后驾驶营运机动车的,处十五日拘留,并处五千元罚款,吊销机动车驾驶证,五年内不得重新取得机动车驾驶证。

(4)醉酒驾驶营运机动车的,由公安机关交通管理部门约束至酒醒。吊销机动车驾驶证,依法追究刑事责任;十年内不得重新取得驾驶证,重新取得机动车驾驶证后,不得驾驶营运机动车。

(5)饮酒后或者醉酒驾驶机动车发生重大交通事故,构成犯罪的,依法追究刑事责任,并由公安机关管理部门吊销机动车驾驶证,终生不得重新取得机动车驾驶证。

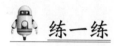 **练一练**

回顾课程,简述"智能交警"实践总程序的分析过程。

3.8 温度传感器和湿度传感器

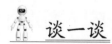 **谈一谈**

简述"智能交警"程序编写的关键。

3.8.1 初识温度传感器

温度传感器是指能感受温度并将其转换为可用电信号输出的传感器。

作为最常用的一种传感器,温度传感器以其体积小,种类多等优势,广泛应用于生产实践的各个领域中,给人们的生活带来便利。

温度传感器有四种主要类型,分别为热电偶、热敏电阻、电阻温度检测器(RTD)和IC温度传感器,如图 3.77 所示。IC 温度传感器又包括模拟输出和数字输出两种类型。

(a) 热电偶   (b) 热敏电阻   (c) 电阻温度检测器   (d) IC 温度传感器

图 3.77　常见的温度传感器

3.8.2　温度传感器的原理及应用

1. 温度传感器的工作原理

（1）接触式温度传感器。

接触式温度传感器的检测部分与被测对象有良好的接触，又称温度计。温度计通过传导或对流达到热平衡，从而使温度计的示值能直接表示被测对象的温度，一般测量精度较高。在一定的测温范围内，温度计也可测量物体内部的温度分布，但对于运动物体、小目标或比热容很小的对象则会产生较大的测量误差。常用的温度计有双金属温度计、玻璃液体温度计、压力式温度计、电阻温度计、热敏电阻和温差电偶等。它们广泛应用于工业、农业、商业等领域。

（2）非接触式温度传感器。

非接触式敏感元件与被测对象互不接触，又称非接触式测温仪表。这种仪表可用来测量运动物体、小目标和比热容小或温度变化迅速（瞬变）对象的表面温度，也可用于测量温度场的温度分布。非接触测温优点有：测量上限不受感温元件耐温程度的限制，因而对最高可测温度原则上没有限制。对于 1 800 ℃ 以上的高温，主要采用非接触测温方法。随着红外技术的发展，辐射测温逐渐由可见光向红外线扩展，700 ℃ 以下直至常温都已采用，且分辨率很高。

（3）热电阻传感器。

热电阻传感器是利用导体的电阻随温度变化的特性，对与温度有关的参数进行检测的装置。热电阻传感器主要是利用电阻值随温度变化而变化这一特性来测量温度及与温度有关的参数。在温度检测精度要求比较高的场合，这种传感器比较适用。

（4）热电偶。

热电偶是温度测量仪表中常用的测温元件，它由两种不同成分的导体接合成回路，如果两接合点温度不同，就会在回路内产生热电流。如果热电偶的工作端与参比端存有温差，显示仪表将会指示出热电偶产生的热电势所对应的温度值。热电偶的热电势将随着测量端温度的升高而增长，它的大小只与热电偶材料和两端的温度有关，与热电极的长度、直径无关。各种热电偶的外形常因需要而极不相同，但是它们的基本结构却大致相同,通常由热电极、绝缘套保护管和接线盒等主要部分组成,通常和显示仪表、记录仪表和电子调节器配套使用。

2. 温度传感器在生活中的应用

(1)在家庭中的应用。

随着生活水平的提高,人们对于生活环境也有了更高的要求。市面的数显电子钟、温度计等产品都加装了温度传感器,达到随时监控室内温度的目的,以便人们把温度控制在设定区间,使生活的环境更加舒适。

(2)在农、畜牧业中的应用。

在农业及畜牧业的生产,特别是一些经济作物的生产中,如需确定环境中的温度对于幼苗生长的影响等,也需要用温度传感器来进行数据采集和监控,以期获得最佳的经济效益。

(3)在汽车中的应用。

随着汽车电子控制系统的应用日益广泛,汽车传感器市场的需求量将保持高速增长。微型化、多功能、集成化和智能化的传感器将逐步取代传统的传感器,成为汽车传感器的主流。目前,微型化的温度模块在汽车电子钟上的应用也已相当普遍。

(4)在档案、文物管理中的应用。

高低温环境中,纸张易脆或潮湿发霉,都会使档案、文物损坏,给各项研究带来不必要的麻烦。温度传感器的应用解决了以往繁杂的温度记录工作,节约了档案、文物保护的成本。

3.8.3 初识湿度传感器

湿度是空气中所含的水分的百分比,用于表示空气的潮湿度。湿度传感器通过选择测量范围和测量精度可以用于空气净化器、加湿机、除湿机、智能家居、物联网、仓库、医药、测试及检测设备、气象站、湿度调节器、烟草、自动化控制、暖通空调等需进行湿度测量的产品及场所。

湿度传感器的分类如下:

(1)氯化锂湿度传感器。

①电阻式氯化锂湿度计。第一个基于电阻-湿度特性原理的氯化锂电湿敏元件,是美国标准局的 F. W. Dunmore 研制出来的。这种元件具有较高的精度,同时结构简单、价廉,适用于常温常湿的测控。

②露点式氯化锂湿度计。露点式氯化锂湿度计和电阻式氯化锂湿度计形式相似,但工作原理却完全不同。简而言之,它是利用氯化锂饱和水溶液的饱和水汽压随温度变化而进行工作的。

（2）碳湿敏元件。

碳湿敏元件与常用的毛发、肠衣和氯化锂等探空元件相比，碳湿敏元件具有响应速度快、重复性好、无冲蚀效应和滞后环窄等优点，因之令人瞩目。

（3）氧化铝湿度计。

氧化铝传感器的突出优点是，体积可以非常小，灵敏度高、响应速度快，测量信号直接以电参量的形式输出，大大简化了数据处理程序等。另外，它还适用于测量液体中的水分。

3.8.4 湿度传感器的原理及应用

1. 湿度传感器的基本原理

湿敏元件是最简单的湿度传感器。湿敏元件主要有电阻式、电容式两大类，如图3.78所示。

湿敏电阻的特点是在基片上覆盖一层用感湿材料制成的膜，当空气中的水蒸气吸附在感湿膜上时，元件的电阻率和电阻值都发生变化，利用这一特性即可测量湿度。

湿敏电容一般是由高分子薄膜电容制成的，常用的高分子材料有聚苯乙烯、聚酰亚胺、醋酸纤维等。当环境湿度发生改变时，湿敏电容的介电常数发生变化，使其电容量也发生变化，其电容变化量与相对湿度成正比。

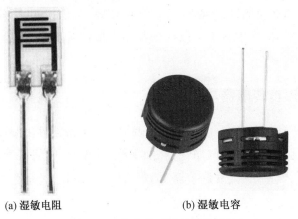

(a) 湿敏电阻　　　　　　　　(b) 湿敏电容

图3.78　湿度传感器的湿敏元件

2. 湿度传感器在生活中的应用

（1）气候监测。

天气测量和预报对工农业生产、军事及人民生活和科学实验等方面都有重要意义，因而湿度传感器是必不可少的测湿设备，如树脂膨散式湿度传感器已用于气象气球测湿仪器上。

（2）温室养殖。

现代农林畜牧各产业都有相当数量的温室，温室的湿度控制与温度控制同样重要，把湿度控制在适宜农作物、树木、畜禽等生长的范围,是减少病虫害、提高产量的条件之一。

(3)工业生产。

在纺织、电子、精密机器、陶瓷工业等部门,空气湿度直接影响产品的质量和产量,必须有效地进行监测调控。

(4)物品储藏。

各种物品对环境均有一定的适应性。湿度过高过低均会使物品丧失原有性能。如在高湿度地区,电子产品在仓库的损害严重,非金属零件会发霉变质,金属零件会腐蚀生锈。

(5)精密仪器的使用保护。

许多精密仪器、设备对工作环境要求较高。环境湿度必须控制在一定范围内,以保证它们正常工作,提高工作效率及可靠性。如电话程控交换机的工作湿度在55%±10%较好。温度过高会影响绝缘性能,过低易产生静电,影响正常工作。

3.8.5 温湿度检测程序

1. Aelos Pro 机器人温湿度传感器

温度传感器用于显示当前环境温度值,如图3.79(a)所示;湿度传感器用于显示当前环境湿度值,如图3.79(b)所示。

(a) 温度传感器(红板)　　　　(b) 湿度传感器(蓝板)

图3.79　Aelos Pro 机器人温湿度传感器

2. 温湿度传感器的应用

当周围环境的温度过高时,人体的体温调节功能就会受到影响,散温不良会使人体温升高,血管扩张,脉搏加速,甚至出现头晕等症状;温度过低时,又会使人代谢功能下降,脉搏和呼吸减慢,皮肤过紧,皮下血管收缩,呼吸道抵抗力下降。人体对外界温度的变化有一定的适应能力,肌体可以借助自身的体温调节功能保持体温相对平衡,但这种调节是有一定的限度的,因此医学界通过大量的实验研究把人体对"冷耐受"的下限温度和"热耐受"的上限温度分别定为 11 ℃ 和 32 ℃。

再说湿度,夏天室内湿度大时,抑制人体蒸发散热,使人体感到不舒适;冬天湿度过大时,会加速热传导而使人觉得寒冷。室内湿度过低时,因上呼吸道黏膜的水分大量散失而感到口干舌燥,并易感冒。研究结果表明,人体适宜的相对湿度上限值不超过80%,下限值不低于30%。当然,这些是人体舒适度的上下限值。

大量实验结果表明,室内温度控制在22~26 ℃,湿度为40%~50%,人体感觉最舒适,而室内温度在18~20 ℃,湿度为40%~60%,人的思维最敏捷,工作效率最高。

3. 实践准备

(1)材料准备。

硬件:Aelos Pro 机器人,USB 下载线,Aelos Pro 机器人温湿度传感器。

软件:aelos_edu 编程软件。

(2)操作步骤。

①保持机器人电量充足,机器人置于平面上;

②打开机器人电源等待启动完成,连接好 USB 下载线;

③将温度传感器置于 Aelos Pro 机器人 1 号端口,将湿度传感器置于 Aelos Pro 机器人 2 号端口;

④编辑机器人程序,连接机器人,将编辑完成的程序下载;

⑤断开下载线,按下机器人【RESET】键复位机器人;

⑥10 s 后,根据程序设计,通过温湿度传感器触发机器人,观察机器人动作是否与设计的一致。

4. "贴心助手"编程实践

(1)实践案例1。

功能描述:机器人作为生活助手,非常贴心,人处于温度在22~26 ℃之间的环境中最为舒适,当机器人感应到温度升高,会开启风扇模块进行降温。

程序解析:将温度传感器设置在 1 号端口,风扇模块设置在 2 号端口,当温度高于28 ℃时,机器人会开启风扇模块进行降温,否则机器人保持站立状态,如图3.80所示。

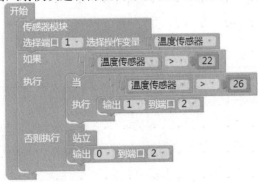

图3.80　贴心助手实践案例1程序

（2）实践案例2。

功能描述：当机器人检测到温度小于22 ℃时，机器人会提醒"注意保暖"，给主人拥抱；当温度在22～26 ℃时，温度适宜，机器人会静静地陪伴主人，保持站立状态；当温度大于26 ℃时，机器人会提醒"注意避暑"，为主人开启风扇。

程序解析：将温度传感器设置在1号端口，设置变量为温度传感器，当温度传感器检测到温度小于22 ℃时，提醒主人进行保暖，做拥抱动作；当温度在22～26 ℃之间时，保持站立状态；当温度大于26 ℃时，开启风扇模块，进行降温，如图3.81所示。

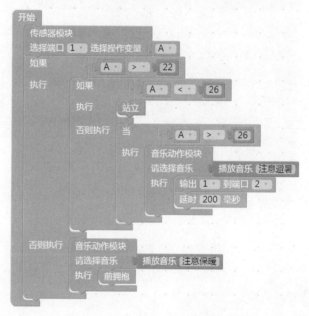

图3.81 "贴心助手"实践案例2程序

（3）实践案例3。

功能描述：温度在22～26 ℃时温度适宜，且湿度在22%～26%时湿度适宜，做出拍手动作和播放"愉悦音乐"。如果湿度在22%以下为干燥，做出挠头动作和播放"干扰信号"，湿度在26%以上，风扇转动，同时播放"提示音"。温度在22 ℃以下时，做出拥抱取暖动作，温度在26 ℃以上时，风扇转动，并播放"报警信号"。程序如图3.82所示。

（4）实践案例4。

功能描述：当检测到外界温度小于20 ℃时，机器人重复执行下蹲动作；当检测到外界温度大于等于20 ℃、小于30 ℃时，机器人执行1次下蹲后重复挥手动作；当检测到外界温度大于等于30 ℃时，机器人重复执行挥手动作。程序如图3.83所示，编写程序并下载到机器人中进行实践。

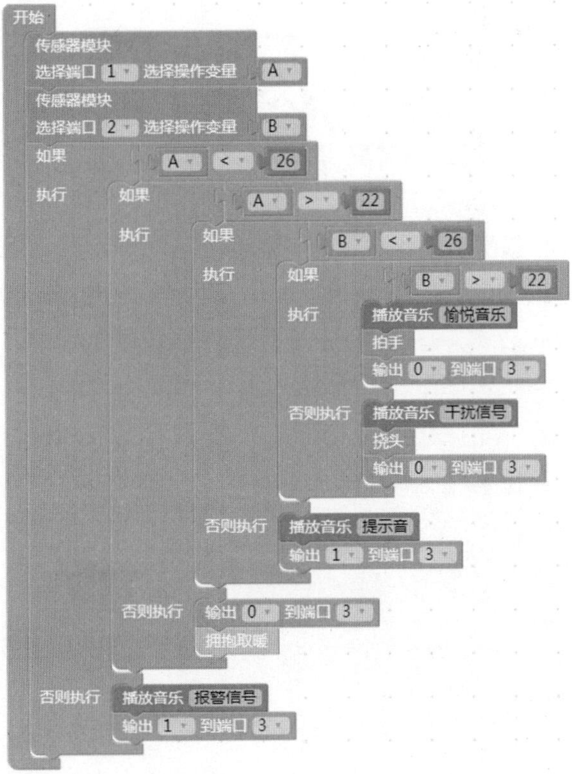

图 3.82 "贴心助手"实践案例 3 程序

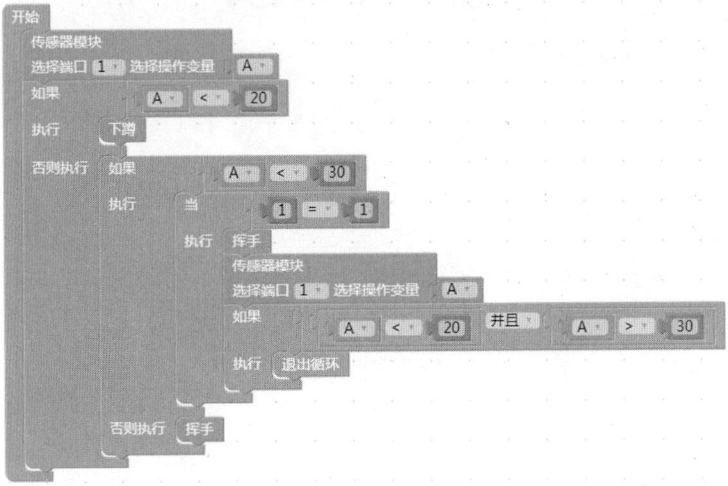

图 3.83 "贴心助手"实践案例 4 程序

练一练

编程实践:在海边天气播报对于航海人员非常重要,制作智能天气播报员,当机器人感受到湿度大于 60 时,播放"要下雨了",执行 SOS 旗语动作,机器人胸前 LED 灯亮起,否则机器人保持站立状态。

本 章 小 结

本章向读者介绍了温度传感器、湿度传感器、LED 灯、风扇、人体红外传感器、触摸传感器、气敏传感器、光敏传感器、地磁传感器等,通过对 Aelos Pro 机器人各传感器模块的学习,掌握了机器人配合传感器实现智能化的方法,希望读者能够结合学习内容,设计出自己理想中的智能机器人。

想一想

1. 不同传感器使用时的关键点有哪些?
2. 除了传感器模块,本章使用的其他模块与传感器模块的区别是什么?

第4章 声情并茂"现"智能

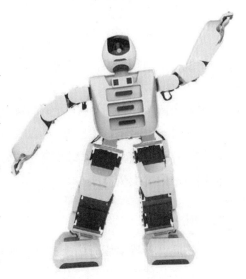

4.1　语音识别技术

谈一谈

LED 灯、风扇、人体红外传感器、触摸传感器、地磁传感器、光敏传感器、气敏传感器、温度传感器、湿度传感器有哪些特征？

4.1.1　初识语音识别技术

语音识别技术,也称自动语音识别(Automatic Speech Recognition, ASR),其目的是将人类语音中的词汇内容转换为计算机可读的输入,例如键盘、二进制编码、字符序列等,如图 4.1 所示。

语音识别技术广泛应用于语音拨号、语音导航、室内设备控制、语音文档检索、简单的听

图4.1　语音识别技术示意图

写数据录入等。语音识别技术与其他自然语言处理技术如机器翻译及语音合成技术相结合,可以构建出更加复杂的应用,例如语音到语义的翻译。

语音识别技术所涉及的领域包括信号处理、模式识别、概率论和信息论、发声机理和听觉机理、人工智能等。

4.1.2 语音识别技术的工作原理

语音识别技术,就是将一段语音信号转换成相对应的文本信息,系统主要包含特征提取、声学模型、语言模型和字典与解码四大部分,其中为了更有效地提取特征往往还需要对所采集到的声音信号进行滤波、分帧等预处理工作,把要分析的信号从原始信号中提取出来。特征提取工作将声音信号从时域转换到频域,为声学模型提供合适的特征向量,声学模型中再根据声学特性计算每一个特征向量在声学特征上的得分,而语言模型则根据语言学相关的理论,计算该声音信号对应可能词组序列的概率,最后根据已有的字典,对词组序列进行解码,得到最后可能的文本表示。科大讯飞语音识别过程如图4.2所示。

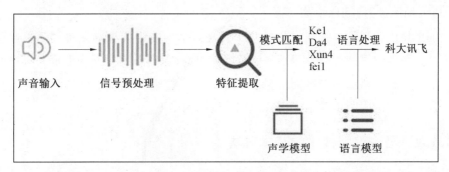

图4.2 科大讯飞语音识别过程

4.1.3 语音识别技术的分类

语音识别系统可以根据对输入语音的限制加以分类。

1. 从说话者与识别系统的相关性考虑

(1)特定人语音识别系统。

特定人语音识别系统仅考虑对于专人的话音进行识别。

(2)非特定人语音系统。

非特定人语音系统识别的语音与人无关,通常要用大量不同人的语音数据库对识别系统进行学习。

(3)多人的识别系统。

多人的识别系统通常能识别一组人的语音,或者成为特定组语音识别系统,该系统仅要求对要识别的那组人的语音进行训练。

2. 从说话的方式考虑

（1）孤立词语音识别系统。

孤立词识别系统要求输入每个词后要停顿。

（2）连接词语音识别系统。

连接词输入系统要求对每个词都清楚发音，一些连音现象开始出现。

（3）连续语音识别系统。

连续语音输入是自然流利的连续语音输入，大量连音和变音会出现。

3. 从识别系统的词汇量大小考虑

（1）小词汇量语音识别系统。

小词汇量语音识别系统通常包括几十个词的语音识别系统。

（2）中等词汇量的语音识别系统。

中等词汇量的语音识别系统通常包括几百个词到上千个词的识别系统。

（3）大词汇量语音识别系统。

大词汇量语音识别系统通常包括几千到几万个词的语音识别系统。随着计算机与数字信号处理器运算能力以及识别系统精度的提高，识别系统根据词汇量大小进行分类也不断进行变化。目前是中等词汇量的识别系统到将来可能就是小词汇量的语音识别系统。这些不同的限制也确定了语音识别系统的困难度。

4.1.4　语音识别技术的基本方法

一般来说，语音识别技术的方法有三种，分别为基于语言学和声学的方法、模板匹配的方法和利用人工神经网络的方法。

1. 基于语音学和声学的方法

该方法起步较早，在语音识别技术提出的开始，就有了这方面的研究，但由于其模型及语音知识过于复杂，现阶段没有达到实用的阶段。通常认为常用语言中有有限个不同的语音基元，而且可以通过其语音信号的频域或时域特性来区分。这样该方法分为两步实现。

（1）分段和标号。

把语音信号按时间分成离散的段，每段对应一个或几个语音基元的声学特性，然后根据相应声学特性对每个分段给出相近的语音标号。

（2）得到词序列。

根据第一步所得语音标号序列得到一个语音基元网格，从词典得到有效的词序列，也可结合句子的文法和语义同时进行。

2. 模板匹配的方法

模板匹配的方法发展比较成熟,目前已达到了实用阶段。在模板匹配方法中,要经过四个步骤,分别为特征提取、模板训练、模板分类、判决。常用的技术有动态时间规整(DTW)、隐马尔可夫模型(HMM)、矢量量化(VQ)。

(1)动态时间规整(Dynamic Time Warping,DTW)。

语音信号的端点检测是进行语音识别中的一个基本步骤,它是特征训练和识别的基础。所谓端点检测就是在语音信号中的各种段落(如音素、音节、词素)的始点和终点的位置,从语音信号中排除无声段。

(2)隐马尔可夫模型(Hidden Markov Model,HMM)。

隐马尔可夫模型(HMM)是20世纪70年代引入语音识别理论的,它的出现使得自然语音识别系统取得了实质性的突破。HMM现已成为语音识别的主流技术,目前大多数大词汇量、连续语音的非特定人语音识别系统都是基于HMM的。

(3)矢量量化(Vector Quantization,VQ)。

矢量量化是一种重要的信号压缩方法。与HMM相比,矢量量化主要适用于小词汇量、孤立词的语音识别中。核心思想可以这样理解:如果一个码书是为某一特定的信源而优化设计的,那么由这一信息源产生的信号与该码书的平均量化失真就应小于其他信息的信号与该码书的平均量化失真,也就是说编码器本身存在区分能力。

3. 利用人工神经网络的方法

利用人工神经网络的方法是20世纪80年代末期提出的一种新的语音识别方法。人工神经网络(ANN)本质上是一个自适应非线性动力学系统,模拟了人类神经活动的原理,具有自适应性、并行性、鲁棒性、容错性和学习性等特性,其强分类能力和输入-输出映射能力在语音识别中都很有吸引力。但由于存在训练、识别时间太长的缺点,目前仍处于实验探索阶段。

4.1.5 语音识别技术的系统结构

一个完整的基于统计的语音识别系统可大致分为三部分,如图4.3所示。

1. 语音信号预处理与特征提取

语音识别单元有单词(句)、音节和音素三种,选择哪一种,由具体的研究任务决定。语音识别的一个根本问题是合理地选用特征。特征参数提取的目的是对语音信号进行分析处理,去掉与语音识别无关的冗余信息,获得影响语音识别的重要信息,同时对语音信号进行压缩。

2. 声学模型与模式匹配

声学模型通常是将获取的语音特征使用训练算法进行训练后产生。在识别时将输

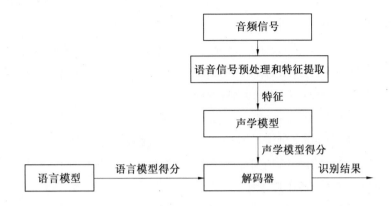

图4.3　语音识别系统的构成

入的语音特征同声学模型(模式)进行匹配与比较,得到最佳的识别结果。声学模型是识别系统的底层模型,并且是语音识别系统中最关键的一部分。

3.语言模型与语言处理

语言模型包括由识别语音命令构成的语法网络或由统计方法构成的语言模型,语言处理可以进行语法、语义分析。语言模型对中、大词汇量的语音识别系统特别重要。语法结构可以限定不同词之间的相互连接关系,减少了识别系统的搜索空间,这有利于提高系统的识别。

4.1.6　生活中的语音识别技术

手机已经是生活中不可或缺的通信工具。手机中可能存有成百上千个电话号码,如果手动翻阅,想要找到自己需要的号码是要费一番功夫的,于是手机的语音拨号功能就应运而生了。目前,基本上大多数手机都带有该项功能。

语音拨号功能简单地说就是手动指向手机语音拨号功能,说出被叫者姓名,电话即自动拨向被叫者。例如,某某的电话是86533684151,只要你开机后说:"某某。"电话会自动拨通86533684151,无须再用手拨(前提是手机支持这个功能)。使用此功能前,用户需要把被叫人姓名的语音以及电话号码输入手机。在使用语音拨号之前,必须录制声控标签,也就是说为电话簿中的几个电话号码录制声控标签。

比如说苹果的Siri,华为的小艺,荣耀的YOYO,百度的小度,小米的小爱同学等依托于强大的人工智能,集成了自然语言处理、对话系统、语音视觉等技术,从而使机器人能够自然流畅地与用户进行信息、服务、情感等多方面的交流。现在几乎随处可以体验到语音识别给生活带来的便利。

4.1.7　语音识别技术未来发展前景

语音识别技术发展到今天,特别是中小词汇量非特定人语音识别系统识别精度已经大于98％,对特定人语音识别系统的识别精度就更高。这些技术已经能够满足日常应用的要求。由于大规模集成电路技术的发展,这些复杂的语音识别系统也已经完全可以制成专用芯片,大量生产。

目前,大量的语音识别产品已经进入市场和服务领域。一些电话、手机已经实现语音识别拨号功能,还有语音记事本、语音智能玩具等产品也包括语音识别与语音合成功能,你可能也接到过 AI 助手对你的用户访问吧,AI 助手就是通过语音识别与你交流的。如今,人们可以通过电话网络用语音识别口语对话系统查询有关的机票、旅游、银行信息,并且取得很好的结果。调查统计表明多达85％以上的人对语音识别的信息查询服务系统的性能表示满意。

预测在近五到十年内,语音识别技术的应用将更加广泛。各种各样的语音识别产品将出现在市场上。人们也将调整自己的说话方式以适应各种各样的识别系统。在短期内还不可能造出具有和人相比拟的语音识别系统,要建成这样一个系统仍然是人类面临的一个巨大的挑战,我们只能朝着改进语音识别系统的方向一步步地前进。至于什么时候可以建立一个像人一样完善的语音识别系统则是很难预测的。就像在 20 世纪 60 年代,谁又能预测今天超大规模集成电路技术会对我们的社会产生这么大的影响。

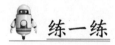

练一练

语音识别技术在生活中应用得非常广泛,搜集其在其他领域的应用资料。

4.2 语音识别模块及程序

谈一谈

1. 语音识别系统由哪些部分组成?
2. 语音识别技术的基本方法有哪些?

4.2.1 语音识别模块

1. 认识语音识别模块

Aelos Pro 机器人语音识别模块要放置在机器人的 3 号端口上,使用时机器人显示屏会显示串口数值,如图 4.4 所示。

语音识别模块
命令配置端口

图 4.4　Aelos Pro 机器人语音识别模块

2. 实践准备

（1）材料准备。

硬件：Aelos Pro 机器人，USB 下载线，Aelos Pro 机器人语音识别传感器。

软件：aelos_edu 编程软件。

（2）操作步骤。

①保持机器人电量充足，机器人置于平面上；

②打开机器人电源等待启动完成，待显示传感器数值后连接好 USB 下载线；

③将语音识别模块置于 Aelos Pro 机器人 3 号端口，召唤口令为"你好，小艾"（为了方便称呼 Aelos Pro 机器人，我们给它取了中文名：小艾），这时语音模块的蓝灯就会闪烁；

④编辑机器人程序，连接机器人，在菜单栏找到并打开"语音模块"，如图 4.5 所示；

⑤将 USB 下载线连接到语音模块的 Micro USB 接口上面，如图 4.4 所示位置；

⑥语音控制命令配置页面如图 4.6 所示。命令配置包括控制类（20 个指令）、自主类（8 个指令）、任务类（8 个指令）三个子项，选择需要用于执行的模块（最多可以选择 10 个指令），点击配置按钮；

⑦将语音模块与计算机断开连接，重新将机器人与计算机通过串口进行连接，进行机器人动作程序下载；

⑧编写机器人动作程序，这时指令栏控制器就会显示添加语音识别指令的模块，如图 4.7 所示，编写完成，进行下载；

⑨下载完成后断开下载线，按下机器人【RESET】键复位机器人；

⑩10 s 后，根据程序设计，通过语音识别传感器触发机器人，观察机器人动作是否与设计的一致。

图4.5 "语音模块"在菜单栏中的位置

图4.6 语音控制命令配置页面

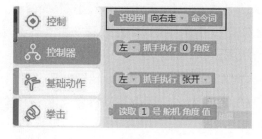

图4.7 语音识别指令

4.2.2 语音识别控制程序案例实践

1. 语音识别控制程序案例1

功能描述:参照上面的使用步骤,编写一个通过语音指令控制机器人向右移5步的动作指令,当机器人识别到"合拢右手爪"指令时,机器人就会执行右手的张开、夹取动作,具体程序如图4.8所示。

2. 语音识别控制程序案例 2

功能描述:给机器人设计语音指令,先用"你好,小艾"唤醒,发出指令"跟我走"。

运用动作编辑方法设计机器人摇摆前行的动作,编写程序,如图4.9所示,并将程序下载到机器人中进行实践。

3. 语音识别控制程序案例 3

功能描述:给机器人设计语音指令,先用"你好,小艾"唤醒,发出指令"跳个舞"。

运用动作编辑方法设计30 s的机器人舞蹈。编写程序,如图4.10所示,并将程序下载到机器人中进行实践。

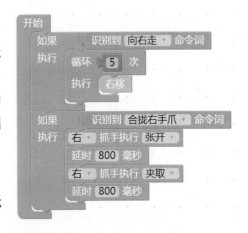

图4.8 语音识别控制案例1程序

图4.9 语音识别控制案例2程序

图4.10 语音识别控制案例3程序

4. 语音识别控制程序案例 4

功能描述:给机器人设计语音指令,先用"你好,小艾"唤醒,发出指令"向左走",机器人执行向左平移5步,发出指令"向右走",机器人执行向右平移5步,发出指令"向左转",机器人向左转,发出指令"向右转",机器人向右转。编写程序,如图4.11所示,并将程序下载到机器人中进行实践。

5. 语音识别控制程序案例 5

功能描述:给机器人设计语音指令,先用"你好,小艾"唤醒,发出指令"有点热",机器人接收到指令会开启风扇模块,否则风扇关闭。编写程序,如图4.12所示,并将程序下载到机器人中进行实践。

6. 语音识别控制程序案例 6

功能描述:给机器人设计语音指令,先用"你好,小艾"唤醒,当发出指令"有点热"时,机器人的温度传感器感应到温度大于28,会转动风扇进行散热。编写程序,如图4.13

图4.11 语音识别控制案例4程序

所示,并将程序下载到机器人进行实践。

操作提示:温度传感器在此实践中位于1号端口,配合机器人语音模块工作。

图4.12　语音识别控制案例5程序

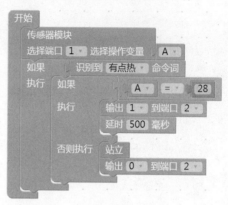

图4.13　语音识别控制案例6程序

7. 语音识别控制程序案例7

功能描述:给机器人设计语音指令,先用"你好,小艾"唤醒,当发出指令"天黑了"时,机器人灯就会打开。编写程序,如图4.14所示,并将程序下载到机器人中进行实践。

图4.14　语音识别控制案例7程序

8. 语音识别控制程序案例8

功能描述:给机器人设计语音指令,先用"你好,小艾"唤醒,当发出指令"天黑了"时,机器人光敏传感器感应到天黑了,LED灯会打开。编写程序,如图4.15所示,并将程序下载到机器人中进行实践。

操作提示:光敏传感器在此实践中位于1号端口,配合机器人语音模块工作。

9. 语音识别控制程序案例9

功能描述:给机器人设计语音指令,先用"你好,小艾"唤醒,当发出指令"着火了"时,机器人火焰传感器识别火焰会启动风扇模块进行灭火,否则一直站立。编写程序,如图4.16所示,并将程序下载到机器人中进行实践。

操作提示:火焰传感器在此实践中位于1号端口,配合机器人语音模块工作。

图 4.15 语音识别控制案例 8 程序

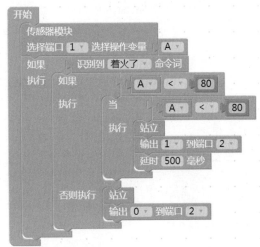

图 4.16 语音识别控制案例 9 程序

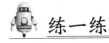 练一练

编程实践:当主人发出"着火了"的指令,机器人遇到障碍并识别到火焰会启动风扇模块进行灭火,否则一直站立。

4.3 智能家庭及智慧管家

谈一谈

简述语音识别模块的使用方法。

4.3.1 智能家居

智能家居是一个居住环境,是以住宅为平台安装有智能家居系统的居住环境,完成智能家居系统的过程就称为智能家居集成。它以住宅为平台,利用综合布线技术、网络通信技术、智能家居系统设计方案安全防范技术、自动控制技术、音视频技术将与家居生活有关的设施集成,构建高效的住宅设施与家庭日程事务的管理系统,提升家居安全性、便利性、舒适性、艺术性,并实现环保节能的目的。

智能家居涵盖两个方面,一是智能,二是家居。家居就是指人们生活的各类设备;智能是智能家居应该突出的重点,其应该做到自动控制管理,不需要手动操作控制,并能学习当前用户的使用习惯,满足用户的需求。

1. 智能家居的物联系统

智能家居系统包含的子系统有家居布线系统、家庭网络系统、智能家居(中央)控制管理系统、家居照明控制系统、家庭安防系统、背景音乐系统(如 TVC 平板音响)、家庭影院与多媒体系统、家庭环境控制系统等八大系统。其中,智能家居(中央)控制管理系统、家居照明控制系统、家庭安防系统是必备系统,家居布线系统、家庭网络系统、背景音乐系统、家庭影院与多媒体系统、家庭环境控制系统为可选系统。

在智能家居系统产品的认定上,厂商生产的智能家居(智能家居系统产品)属于必备系统,只有有了它,智能家居才能实现各种功能,才可称为智能家居。因此,智能家居(中央)控制管理系统、家居照明控制系统、家庭安防系统都可直接称为智能家居(智能家居系统产品),而可选系统都不能直接称为智能家居,只能用智能家居加上具体系统的组合来表述。如背景音乐系统,称为智能家居背景音乐。在智能家居环境的认定上,只有完整地安装了所有的必备系统,并且至少选装了一种或以上的可选系统的智能家居才能称为智能家居。

2. 智能家居的功能

①始终在线的网络服务。与互联网随时相连,为在家办公提供了方便条件。

②安全防范。智能安防可以实时监控非法闯入、火灾、煤气泄漏、紧急呼救等。一旦出现警情,系统会自动向中心发出报警信息,同时启动相关电器进入应急联动状态,从而实现主动防范。

③家电的智能控制和远程控制。如对灯光照明进行场景设置和远程控制、电器的自动控制和远程控制等。

④交互式智能控制。可以通过语音识别技术实现智能家电的声控功能,通过各种主动式传感器(如温度、声音、动作等)实现智能家居的主动性动作响应。

⑤环境自动控制。如家庭中央空调系统。

⑥提供全方位家庭娱乐。如家庭影院系统和家庭中央背景音乐系统。

⑦现代化的厨卫环境。主要指整体厨房和整体卫浴。

⑧家庭信息服务。管理家庭信息及与小区物业管理公司联系。

⑨家庭理财服务。通过网络完成理财和消费服务。

⑩自动维护功能。智能信息家电可以通过服务器直接从制造商的服务网站上自动下载、更新驱动程序和诊断程序,实现智能化的故障自诊断、新功能自动扩展。

3. 智能家居系统的组成

智能家居是通过家居智能管理系统的设施来实现家庭安全、舒适、信息交互与通信的能力。家居智能管理系统由三个方面组成,分别为家庭安全防范(Home Safety,HS)、家庭设备自动化(Home Automation,HA)和家庭通信(Home Communication,HC)。

在建设家居智能管理系统时,具体有如下的基本要求:

①应在卧室、客厅等房间设置有线电视插座;

②应在卧室、书房、客厅等房间设置信息插座;

③应设置访客对讲和大楼出入口门锁控制装置;

④应在厨房内设置燃气报警装置;

⑤宜设置紧急呼叫求救按钮;

⑥宜设置水表、电表、燃气表、暖气(有采暖地区)的自动计量远传装置。

4. 智能家居的控制功能及方式

①遥控功能。用一个遥控器便可控制家中所有的照明、窗帘、空调、音响等电器。例如,看电视时,不用因开关灯和拉窗帘而错过关键的剧情。

②集中控制功能。不必专门布线,只要将插头插在 220 V 电源插座上,就可控制家里所有的灯光和电器,一般放在床头和客厅。可以在家里不同的房间有多个集中控制器。躺在床上,就可控制卧室的窗帘、灯光、音响及全家的电器。

③感应开关。在卫生间、壁橱装感应开关,有人灯开、无人灯灭。

④网络开关的网络功能。一个开关可以控制整个网络,整个网络也可以控制任意一个(组)灯或电器。其控制对象可以任意设置和改变,轻松实现全开全关,场景设置,多控开关等复杂的网络操作功能。

⑤网络开关的本地控制。所有的灯和电器都可使用墙上的网络开关进行本地开关控制;既实现了智能化,又考虑多数人在墙上找开关的习惯。

⑥电话远程控制功能。电话应答机将家里和外界连成了网络,在任何地方,都可以使用电话远程控制家中的电器产品。例如,开启空调、关闭热水器,甚至在度假时,将家中的灯或窗帘打开和关闭,让外人觉得家中有人。

⑦网络型空调及红外线。网络型空调控制器将空调的控制连到整个网络中来,可以使用电话来远程控制空调,也可以使用无线遥控器在楼下将楼上的空调启动和关闭,集中控制器、定时控制器、网络开关、无线感应开关等也都可以控制空调。

⑧网络型窗帘控制。网络型窗帘控制器将窗帘的控制连到整个网络中来,控制拉帘或卷帘时,可以调行程,控制百叶帘时,可以调角度。

⑨可编程定时控制。定时控制器可以对家中的固定事件进行编程。例如,定时开关窗帘、定时开关热水器等,电视、音响、照明、喂宠物等均可设定时控制。还有多功能遥控器、无线感应探头、全宅音响系统等。

5. 智能家居未来的发展方向

随着智能家居的迅猛发展,越来越多的家居开始引进智能化系统和设备。智能化系统涵盖的内容也从单纯的方式向多种方式相结合的方向发展。智能家居未来的发展趋势是感知更加智能化、业务更加融合化、终端更加集约化、终端接入无线化。

智能家居交互平台是一个具有交互能力的平台,并且通过平台能够把各种不同的系统、协议、信息、内容、控制在不同的子系统中进行交互、交换。它具有如下特点:

(1)每个子系统都可以脱离交互平台独立运行。

智能家居交互平台中,各个子系统在脱离交互平台时能够独立运行,例如,楼寓对讲、家庭报警、各种电器控制、门禁、家庭娱乐等。各子系统在交互平台管理下运行,平台能采集各子系统的运行数据,以实现系统的联动。

(2)不同品牌的产品、不同的控制传输协议能通过这个平台进行交互。

由于有了交互平台,不同子系统在交户平台的统一管理下,可以协同工作和运行数据交换、共享,给用户最大限度的选择权,充分体现智能家居的个性化。同时,它还具有网关的功能,通过交互平台,能与广域网连接,实现远程控制、远程管理。根据客户及市场的变化不断增加各种总线、系统的驱动软件和硬件接口,丰富多样的通信、控制接口,给子系统的多样选择提供了基础保障,因此智能家居有了最大限度的包容性,用户有了更大的选择余地。

(3)智能终端(触摸屏)仅作为各子系统的显示、操作界面。

整个系统在平台的控制、管理下运行,智能终端(触摸屏)仅作为各子系统的显示、操作界面,多智能终端配置容易可行。同时,可以记录各子系统的运行数据,为系统运行优化、自学习提供依据。

(4)控制软件可编程(DIY),提供信息服务。

此系统方便用户改变控制逻辑、控制方式、操作界面,用户的控制逻辑、操作界面可以自定义、可以DIY。在现代的智能家居系统中,信息服务是不可或缺的部分,信息服务,给智能家居更多的"智慧"、给我们的生活提供更多的信息和资讯、给智能家居赋予更生动的生命,它是智能家居更高的境界。

(5)多种控制手段。

在日常家居生活中,为了使我们随时掌控家庭的控制系统,随时获取需要的信息,操作终端的形式非常重要,多种形式的智能操作终端是必不可少的,例如,智能遥控器、移动触摸屏、计算机、手机、平板电脑等。

4.3.2 智能管家

1.贴心管家

智能家居机器人是智能家庭的私人助理,它可以有效地管理家务,而无须主人亲自动手。利用人工智能和自然语言处理能力,家庭机器人将能够分析主人的需求,并提供所需的帮助。一旦家与智能家居机器人建立连接,那么家庭成员就可以与智能助理进行交流,获得有关家庭电器的任何信息。不仅仅是电器信息,家庭机器人也可以提供房子的安全和维护信息。有了家庭机器人,上班族照顾年迈父母和顽皮孩子所面临的困境也将被解除。通过从家中不同位置传感器收集的信息,机器人将分析情况,并在紧急情况下通知主人。

2. 实践准备

(1)材料准备。

硬件:Aelos Pro 机器人,USB 下载线,Aelos Pro 机器人红外距离传感器,遥控器。

软件:aelos_edu 编程软件。

(2)操作准备。

①保持机器人电量充足,机器人置于平面上;

②打开机器人电源等待启动完成,待显示传感器数值后,连接好 USB 下载线;

③编辑机器人程序,连接机器人,将编辑完成的程序下载;

④断开下载线,按下机器人【RESET】键复位机器人;

⑤10 s 后,根据程序设计,通过遥控器触发机器人,观察机器人动作是否与设计的一致。

3. "等待直到""退出循环"模块的应用

(1)"等待直到"模块。

功能描述:按遥控器 1 号按键时,机器人会一直执行下蹲动作,等待直到感应到有障碍物的时候,机器人向左平移 3 步。具体程序如图 4.17 所示。

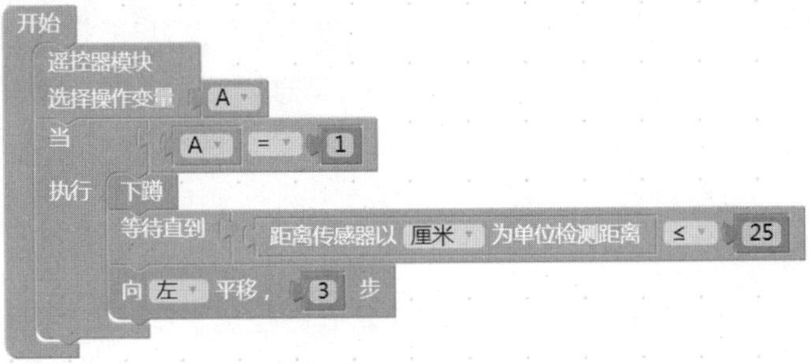

图 4.17 "等待直到"模块应用程序

(2)"退出循环"模块。

功能描述:按遥控器 2 号按键时,机器人会反复不停下蹲,直到满足条件才会退出循环,机器人保持自然站立。具体程序如图 4.18 所示。

4. "贴心管家"程序的编写

功能描述:有客人来家里参观,机器人会上前主动打招呼,问候"欢迎您的到来,主人在客厅",与客人握手,并引导客人到指定位置,迎接客人。具体程序如图 4.19 所示。

程序解析:将人体红外传感器设置在 1 号端口,有客人来时问候"欢迎您的到来,主人在客厅",并与客人握手,没人一直保持站立的状态。注意:握手动作可以使用舵机扭转法进行设计。

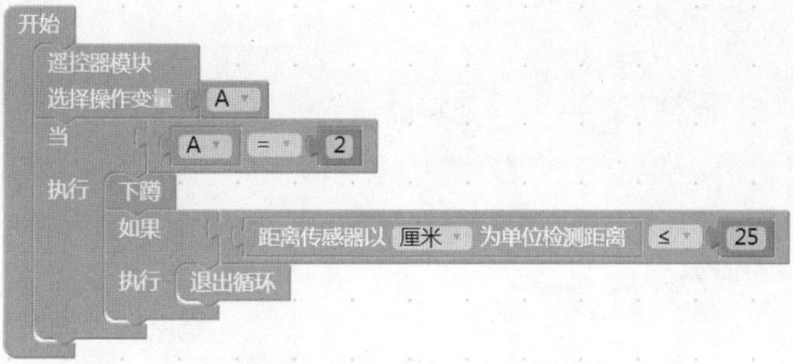

图 4.18　"退出循环"模块应用程序

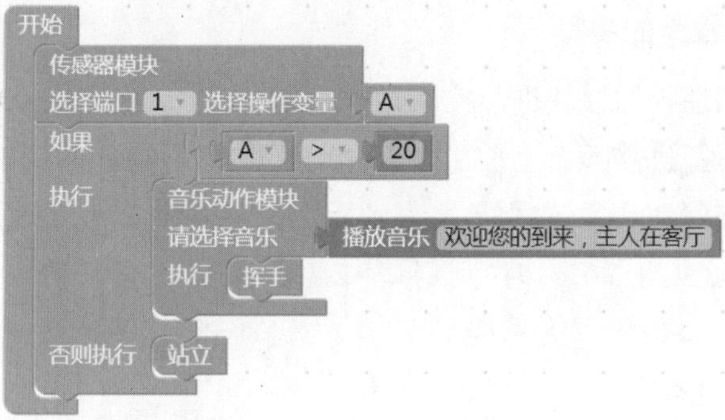

图 4.19　"贴心管家"程序

5. 与智能家居传感器搭配使用

(1)温度控制模块。

功能描述:机器人感受到温度大于 26 ℃时,判定室内温度偏高,就会开启风扇模块,进行降温。具体程序如图 4.20 所示。

程序解析:将温度传感器设置在 1 号端口,风扇设置在 2 端口,温度传感器的温度高于26 ℃时,风扇打开,否则关闭风扇。

(2)光敏控制模块。

功能描述:夜幕降临,机器人会及时为主人开灯。具体程序如图 4.21 所示。

程序解析:将光敏传感器设置在 1 号端口,LED 灯设置在 2 号端口,光敏传感器的数值越大,光线越暗。天黑了,LED 灯亮起,否则灯灭。

图 4.20　智能家居温控程序　　　　图 4.21　智能家居光控程序

6."智能管家"程序的编写

程序解析:利用遥控器模块进行控制,当按下遥控器 1 号键时,人体红外传感器感应到有客人来家里参观,机器人会上前主动打招呼,问候"欢迎您的到来,主人在客厅",并与客人挥手,表示友好地欢迎,再引导客人到指定位置。将温度传感器放在 2 号端口,如果机器人感受到温度大于 26 ℃时,判定室内温度偏高,就会开启风扇模块,进行降温。按下遥控器的 2 号键,当机器人感受到天黑了,自动开启 LED 等,照亮房间。"智能管家"程序如图 4.22 所示。

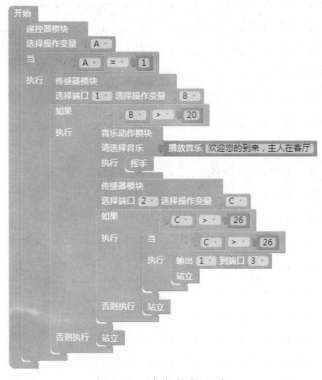

图 4.22　"智能管家"程序

操作提示:在此实践中人体红外传感器位于1号端口,温度传感器位于2号端口,风扇位于3号端口,通过遥控器触发机器人工作。

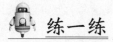

配合触摸机器人的触摸传感器打开风扇,进行降温,用语音控制实现相同功能。

4.4　语音控制的智能家居

简述"智能管家"程序步骤。

4.4.1　语音控制在智能家居上的发展

语音控制可追溯到2014年苹果公司推出的智能语音系统Siri,当时仅是内置到手机里使用,由于语音技术应用比较受限,在当时并未引起广泛关注,直到亚马孙智能音箱Echo出现,才真正被业界广泛认知。随后,谷歌、百度、阿里巴巴、腾讯等国内外各大巨头企业开始竞相推出自家智能音箱,以占据智能家居数据流量入口,并且国内外各机构陆续开始推出内置语音助手的智能产品。

Strategy Analytics智能家居战略研究服务高级行业分析师Jack Narcotta说:"通过语音命令实现更大控制能力的潜力将为公司和消费者开辟新的用例。它还为智能家居设备公司、家电制造商、元件制造商和运营商引入了新的用户界面设计维度。"

Strategy Analytics最新研究报告《2018年拥有语音控制的智能家居设备》称,2025年,许多设备将拥有嵌入式数字助理,如亚马孙Alexa和Google Home,其中,智能家电、监控摄像头和智能灯泡将成为内置语音控制的最常见设备类型。

4.4.2　语音识别的三种控制技术

语音识别技术相当于给计算机系统安装上"耳朵",使其具备"能听"的功能。该技术经过语音信号处理、语音特征处理、模型训练及解码引擎等复杂步骤,使机器最终能够将语音中的内容、说话人、语种等信息识别出来。语音控制功能的实现,与用户的使用习惯高度关联。

1. 近场/远场语音识别技术

近场语音识别,需要用户点击启动,并且用户与终端设备的距离比较近,如手机或其他终端设备,可直接借助这些终端设备实现控制功能。

远场语音识别,是以麦克风阵列远距离拾取的语音数据作为输入数据,通过语音识别的算法将语音信号转写成文字的技术。虽然和近场语音识别技术在原理上是相同的,但是由于音源和麦克风之间的空间距离增大,在声波传播过程中会出现信号强度的衰减和各种噪音干扰,因此需要特殊的语音数据拾取和预处理技术。

2. 唤醒目标检测技术

在远距离用语音进行操控的时候,声音可能来自不同方向的不同人。因此首先要确定哪些是发指令的声音,哪些不是。使用的麦克风阵列波速成形算法,将360°空间垂直划分成若干区域,每个麦克风负责检测一个指定的区域。当某个空间区域里面检测到有唤醒词出现时,对应于该空间区域的麦克风拾音功能就被增强,其他区域的麦克风拾音就被抑制,从而实现对声音进行有方向有角度的拾取,避免周围电视机里的说话声音、其他人交谈等对语音指令的影响。

3. 播放状态打断技术

在对音箱等设备进行语音控制时,往往该设备处于播放歌曲的状态。由于麦克风安装在音箱上,麦克风和说话人之间的距离要远大于麦克风和扬声器之间的距离,在这种情况下,采用内外兼顾的方法进行解决。内部使用特殊的回声消除算法从内部减小噪音对麦克风的影响。另外对于震动带来的非线性干扰,传统的线性回声消除方法失效了,可以使用非线性回声消除算法提高内部噪声消除的效果。在外部结构设计方面,使用精心设计的麦克风阵列减震结构,使多个麦克风和它所连接的电路板之间的震动减小到最小,从而最大限度地控制高声强导致的音箱本体震动对拾音的干扰。

4.4.3 语音控制的"智能管家"程序设计

功能描述:根据智能管家程序原理,加上语音模块进行场景的设计。先发出呼唤指令"你好,小艾";当发出指令"跳个舞"时,机器人识别有客人来,向客人挥手,并打招呼问候"欢迎您的到来,主人在客厅";当发出指令"有点热"时,机器人感应到温度大于26 ℃,就会开启风扇模块进行降温。语音控制的"智能管家"程序如图4.23所示。

程序解析:先唤醒小艾,将人体红外传感器设置在1号端口,设置变量为A,当人体红外传感器感应到有人来时,主人发出指令"跳个舞",机器人与客人握手,并播发语音"欢迎您的到来,主人在客厅"。将温度传感器设置在2号端口,温度传感器感应到温度在26 ℃以上时,主人发出指令"有点热",就会启动3号端口风扇模块进行散热。

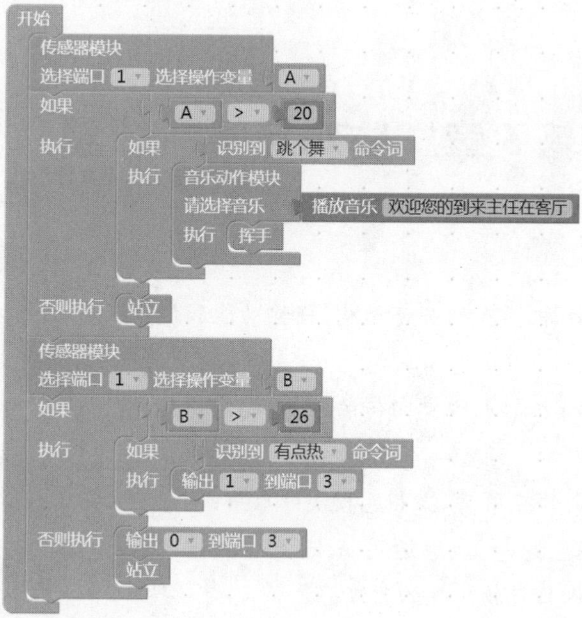

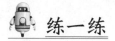

图 4.23　语音控制的"智能管家"程序

练一练

当主人发出指令"前面有障碍"时,机器人执行"左左右避障"程序。

本 章 小 结

本章向读者介绍了语音识别技术及其应用,通过对 Aclos Pro 机器人语音识别模块的编程、使用,掌握语音识别模块与其他传感器模块配合使用的方法,并能够结合智能家居、智能管家等特定环境,完成机器人综合程序的分析与设计,达到最终的设计目标。

想一想

1.语音识别技术的关键是什么?

2.智能家居的优势是什么? 你想象中的未来智能家居是什么样的?

第5章 脑聪目明"识"缤纷

本章知识点

1. 了解 Aelos Pro 机器人的头部结构、视觉功能和使用方法；

2. 掌握 Aelos Pro 机器人视觉回传的方法，能制作监控机器人；

3. 了解颜色识别的应用，掌握颜色模块的应用；

4. 了解 HSV 颜色概念，能够运用 Aelos Pro 机器人的 HSV 模块实现机器人目标物位置的判断；

5. 综合运用 Aelos Pro 机器人的视觉、占比率，编写定位抓取程序。

5.1 机器人的头部结构

谈一谈

1. 讲述一个语音模块实现智能控制的案例。

2. 简述语音控制"左右避障"程序执行情况。

5.1.1 Aelos Pro 头部舵机的介绍

1. 头部舵机的作用

Aelos Pro 是仿人形机器人，其头部舵机的设计灵感来源于人的颈部。颈部能够有效地支撑头部，连接头部和身体，同时它可以使头部向左，向右转动，这样人就可以看到不同位置及方向。Aelos Pro 头部舵机的作用与人的颈部类似，可以使机器人头部左右转动。Aelos Pro 机器人头部如图 5.1 所示。

(a) Aelos Pro 机器人头部正面　　　　(b) Aelos Pro 机器人头部背面

图 5.1　Aelos Pro 机器人头部

2. 头部舵机编程模块

头部舵机编程模块主要由读取头部舵机角度值模块和控制头部舵机以设定速度按角度转动的模块组成,如图 5.2 所示。

3. 头部舵机转动角度及转速

头部为 19 号舵机,舵机值范围为 $10° \sim 190°$,但使用时尽量在 $20° \sim 180°$ 之间,避免极限情况损坏舵机,舵机转动速度不要超过 30,自然站立状态下,头部舵机值为 $100°$ 左右,舵机数值从右向左逆时针逐渐增大。

因为头部舵机采用电机驱动的机械装置,所以不能直接手提头部,头部受力容易造成机器人损坏。

4. 编程模块的使用

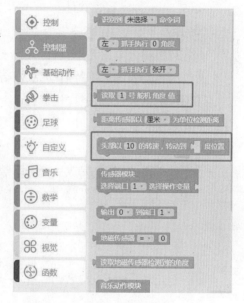

图 5.2　头部舵机控制模块示意图

(1)使机器人头部以 10 的速度,转到 $50°$ 的位置,程序如图 5.3 所示。

图 5.3　头部固定转角程序

(2)引入变量赋值对机器人头部舵机进行控制。每次按下遥控器 1 号键,机器人头部以 5 的速度向左转 $10°$,程序如图 5.4 所示。

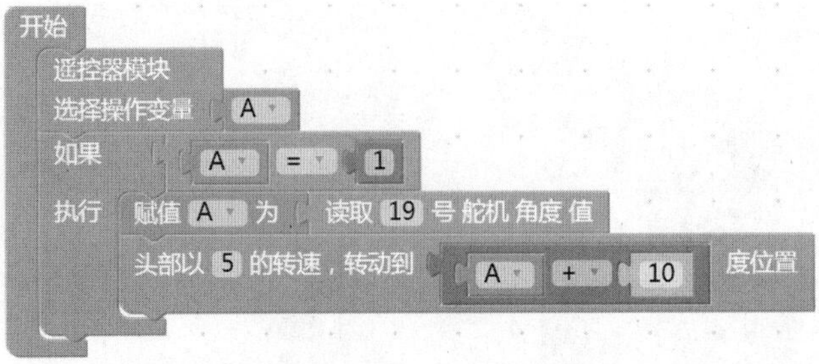

图 5.4　遥控器控制头部转动程序

5. 实践准备

（1）材料准备。

硬件：Aelos Pro 机器人，USB 下载线，Aelos Pro 机器人遥控器。

软件：aelos_edu 编程软件。

（2）操作步骤。

①保持机器人电量充足，机器人置于平面上；

②打开机器人电源等待启动完成，待显示传感器数值后，连接好 USB 下载线；

③编辑机器人程序，连接机器人；

④在菜单栏找到并打开信道配置，如图 5.5 所示，将机器人与遥控器配置到同一通信频道；

⑤下载编辑的程序，完成后断开下载线，按下机器人【RESET】键复位机器人；

⑥10 s 后，根据程序设计，通过遥控器触发机器人，观察机器人动作是否与设计的一致。

图 5.5　菜单栏中的信道配置

6. 编程实践

（1）实践案例 1。

按下遥控器 1 号键时，头部以 5 的速度，转到 20° 的位置，程序如图 5.6 所示。

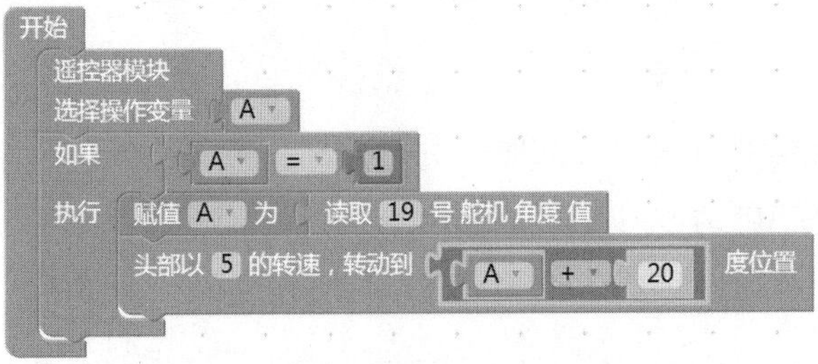

图 5.6　机器人头部控制实践案例 1 程序

（2）实践案例2。

每次按下遥控器2号键,机器人头部以5的速度,向左转10°,程序如图5.7所示。

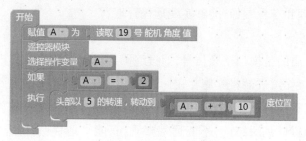

图5.7　机器人头部控制实践案例2程序

（3）实践案例3。

当按下遥控器3号键时,机器人重复执行左右摇头,先左后右,速度为10,摆动范围是160°~40°,程序如图5.8所示。

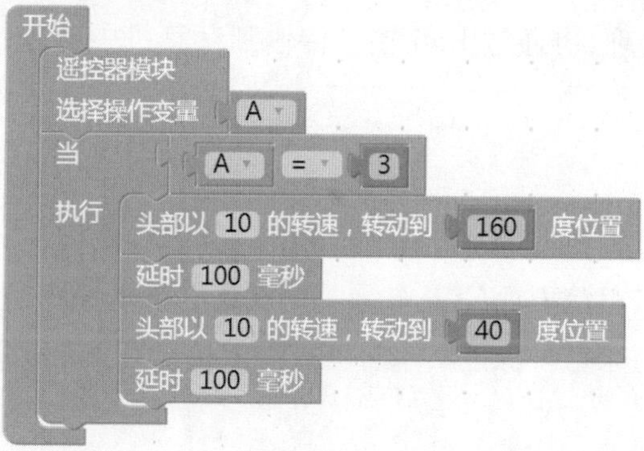

图5.8　机器人头部控制实践案例3程序

5.1.2　头部摄像头的介绍

对于机器人来说,安装于其上的摄像头相当于它的眼睛,摄像头使机器人有了视觉,并能够利用视觉来观察、判断所处的环境,以完成相应的工作任务。

1. 认识摄像头

摄像头又称电脑相机,是一种视频输入设备,被广泛运用于视频会议,远程医疗及实时监控等方面。普通的人也可以彼此通过摄像头在网络上进行有影像、有声音的交谈和沟通。另外,人们还可以将其用于当前各种流行的数码影像、影音处理等应用中。

2. 摄像头的分类

摄像头可分为数字摄像头和模拟摄像头两大类。

（1）数字摄像头。

数字摄像头可以将视频采集设备产生的模拟视频信号转换成数字信号,进而将其储存在计算机里。数字摄像头可以直接捕捉影像,然后通过串、并口或者 USB 接口传到计算机里,数字摄像头相对来说清晰度更高,因为它内置 WEB,用一台 PC 上的标准 WEB 浏览器,就能够管理和查看图像,能够实现远程管理。

（2）模拟摄像头。

模拟摄像头输出的是模拟视频信号,通过编码器可以将视频采集设备产生的模拟视频信号转换成数字信号,进而将其储存在计算机里。模拟摄像头捕捉到的视频信号必须经过特定的视频捕捉卡将模拟信号转换成数字模式,并加以压缩后才可以转换到计算机上运用。因为模拟摄像是闭路的,不能远程察看,只能本地存储,因此安全性更高,不容易被不法分子破坏。

3. 摄像头的工作原理

摄像头的工作原理:景物通过镜头（LENS）生成的光学图像投射到图像传感器表面上,然后转为电信号,经过 A/D（模数转换）转换后变为数字图像信号,再送到数字信号处理芯片（DSP）中加工处理,再通过 USB 接口传输到计算机中处理,通过显示器就可以看到图像了。

4. 深度摄像头

深度摄像头是计算机视觉中一个基本而又核心的任务,要准确地检测目标,还需要做很多图像分割、识别、跟踪方面的工作。人类双眼的基本原理就是立体视觉的主要依据,依靠视差（disparity）来估计深度。本身没有深度检测功能的摄像头,可以使用立体视觉的原理来估计深度。

5. 深度摄像头与机器人

现在机器人行走已经不是很难完成的任务了,但是如果让机器人走的同时还能看见前方的物体,目前的实现难度还是很大的。通常我们是用激光雷达作为导航,三维激光雷达价格高昂,目前不适用于机器人,所以市面上通常都采用二维激光雷达。但二维激光雷达只是平面扫描,故很多障碍物很难被检测到。如餐桌或椅子等。超声波也没有办法很好地解决这些问题,只有加上深度摄像头,融合多传感器,才能在复杂的环境中,达到比较好的避障效果。在机器人上加上深度摄像头,机器人就相当于有了一双眼睛,可以识别前方的物体进行避障,将机器人放在一个陌生的环境中,机器人可以通过深度摄像头来检测前方的物体,通过摄像头自主地规划路线,躲过障碍,最终机器人会从出口走出来。

练一练

1.通过查阅资料了解深度摄像头除了能帮助机器人识别障碍自由行走外,还能实现哪些功能?

2.你的生活中,哪里用到了摄像头? 它是什么类型的?

5.2 机器人的视觉功能

 谈一谈

1. 简述机器人头部舵机模块的使用。

2. 简述摄像头的原理及应用。

5.2.1 机器人视觉的概念及原理

机器人视觉是指不仅要把视觉信息作为输入,而且要对这些信息进行处理,进而提取出有用的信息并提供给机器人。

客观世界中三维物体经由图像传感器(如摄像头)转变为二维的平面图像,再经图像处理,输出该物体的图像。通常机器人判断物体位置和形状需要两类信息,即距离信息和灰度信息。当然作为物体视觉信息,还有色彩信息,但它对物体的位置和形状识别不如前两类信息重要。机器人视觉系统对光线的依赖性很大,往往需要好的照明条件,以便使物体所形成的图像最为清晰,增强检测信息,克服阴影、低反差、镜反射等问题。

5.2.2 机器人视觉的介绍

1. 机器人视觉的功能

(1)对给定大小、色彩模式等的图像和类似的图像范围进行检测,或者跟踪。

(2)利用多日视觉或距离测量装置得到距离图像。

(3)利用时序图像,求图像内各个像素能量运行状态(光流场)。

(4)由时序图像检测运动物体,并进行跟踪。

(5)根据图像处理的结果,改变摄像机的参数和方向,或者移动摄像机的整体位置,或者改善照明条件(主动视觉),以便获得更好的输入图像。

2. 机器人视觉的应用领域

(1)为机器人的动作控制提供视觉反馈。其功能为识别工件,确定工件的位置和方向以及为机器人的运动轨迹的自适应控制提供视觉反馈。需要应用机器人视觉的操作包括从传送带或送料箱中选取工件、制造过程中对工件或工具的管理和控制。

(2)移动式机器人的视觉导航。这时机器人视觉的功能是利用视觉信息跟踪路径,检测障碍物以及识别路标或环境,以确定机器人所在方位。

(3)代替或帮助人类对质量控制、安全检查进行所需要的视觉检验。

3. 视觉对工业机器人的重要性

如果想让机器更好地替代人类工作,很多时候,我们将需要机器人具备识别、分析、处理等更高级的功能,机器视觉相当于为工业机器人装上了"眼睛",让它们能够清晰且不知疲倦地看到物体,达到人眼检查检测的功能,这在高度自动化的大规模生产中非常重要。

机器视觉系统就是通过机器视觉产品即图像摄取装置,将被摄取目标转换成图像信号,传送给专用的图像处理系统,得到被摄目标的形态信息,根据像素分布和亮度、颜色等信息,转变成数字化信号,然后图像系统对这些信号进行各种运算来抽取目标的特征,进而根据判别的结果来控制现场的设备动作。

4. 工业机器人视觉的应用

(1)引导和定位。

视觉定位要求机器视觉系统能够快速准确地找到被测零件并确认其位置,上下料使用机器视觉来定位,引导机械手臂准确抓取。

(2)外观检测。

工业机器人视觉可以检测生产线上产品有无质量问题,该环节也是取代人工最多的环节。

(3)高精度检测。

有些产品的精密度较高,人眼无法检测,必须使用机器完成。

(4)识别。

利用机器人视觉对图像进行处理、分析和理解,以识别各种不同模式的目标和对象,可以达到数据的追溯和采集。

5. Aelos Pro 机器人视觉功能

Aelos Pro 装载 2 592(H)×1 944(V)最高有效像素摄像头,准确获取周边环境信息,通过视觉处理器精确分析,自主执行指令。

Aelos Pro 头部摄像头的四大功能,分别为人脸识别、颜色分辨、定位追踪、视频回传。

6. 视觉的使用方法

(1)机器人头部的摄像头可以人脸识别、颜色分辨、定位追踪、视频回传。

(2)颜色分辨和定位追踪机器人不需要连接网络。

(3)人脸识别和视频回传机器人需要连接网络,可以是 Wi-Fi 或热点(机器人和计算机需要连接在同一网络中),未连接网络屏幕上显示为 127.0.0.1,连接网络后显示数值为 IP 地址。

(4)机器人连接网络的步骤(见图5.9)如下:

①保持机器人电量充足,机器人置于平面上,打开机器人电源等待启动完成,待显示

传感器数值后连接好 USB 下载,在编程软件中连接机器人;

②点击菜单栏中的【WIFI 联网】,打开对话框;

③在"WIFI 联网"对话框中输入 Wi-Fi 名称及密码。注:目前仅支持 2.4G 网络信号;

④待"WIFI 联网"对话框出现"连接成功!"字样后,则联网成功;

⑤在机器人显示屏下方出现连接 Wi-Fi 网段的 IP 地址,则机器人连接完成;

⑥点击菜单栏中的【视频回传】,打开摄像头视频回传界面,可看到机器人头部摄像头拍摄的图像。

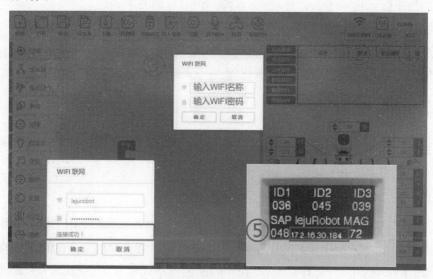

图 5.9　机器人连接网络的步骤

7. 视频回传

通过编程软件给机器人进行联网,联网成功后可以看到机器人显示屏出现一个 IP 地址,点击软件的【视频回传】按钮,选择对应的 IP 地址,就可以使用软件的视频回传功能查看机器人摄像头拍摄的画面,如图 5.10 所示。

图 5.10　机器人视觉拍摄画面

当把鼠标移动到需要识别的颜色上时,会出现三个参数:POS、RGB、HSV。POS 表示当前鼠标位置的坐标,RGB 表示识别到的 RGB 颜色色值,HSV 表示识别到的 HSV 颜色色值。

5.2.3　视觉处理常用的开发器件

1. 树莓派

树莓派(英文名为 Raspberry Pi,简写为 RPi,别名为 RasPi/RPI),是一款基于 ARM 的微型计算机主板,以 SD 卡为内存硬盘。具备所有 PC 的基本功能。

2012 年 3 月,英国剑桥大学埃本·阿普顿(Eben Upton)正式发售世界上最小的台式机,又称卡片式计算机,外形只有信用卡大小,却具有计算机的所有基本功能,这就是 Raspberry Pi 电脑板,中文译名为"树莓派"。在 2006 年,树莓派早期概念是基于 Atmel 的 ATMEGA644 单片机,首批上市的 10 000"台"树莓派的"板子",由中国台湾和大陆厂家制造。

树莓派一共分为树莓派 A 型、树莓派 B 型、树莓派 B+型、树莓派 2B 型、红版树莓派、树莓派 3B 型、树莓派 4B 型。

2. 单片机

单片机(Single-Chip Microcomputer)是一种集成电路芯片,是采用超大规模集成电路技术把具有数据处理能力的中央处理器 CPU、随机存储器 RAM、只读存储器 ROM、多种 I/O 口和中断系统、定时器/计数器等功能(可能还包括显示驱动电路、脉宽调制电路、模拟多路转换器、A/D 转换器等电路)集成到一块硅片上构成的一个小而完善的微型计算机系统。单片机在工业控制领域已十分广泛。

单片机凭借着强大的数据处理技术和计算功能可以在智能电子设备中充分应用。简单地说,单片机就是一块芯片,这块芯片组成了一个系统,通过集成电路技术的应用,将数据运算与处理能力集成到芯片中,实现对数据的高速化处理。

3. 树莓派与单片机的区别

单片机是 MCU(微控制器),而树莓派是卡片式计算机,它上面的处理器是由 ARM 架构的。单片机一般速度慢,资源少,但树莓派不同,它可以运行像 Linux 等操作系统,或者部署服务器、云计算等。树莓派可以完成很多单片机无法完成的操作。

最主要的是,开发单片机虽然周期比较短,但基本上都是基于特定的任务,而且每次写完代码都要重新烧写,很麻烦。

而树莓派则不同,树莓派是计算机,它可以直接在本地机上编程、编译、运行,如果要重新向原有程序添加或删除功能,或者从当前的任务切换到另一个不同的新任务,树莓派不需要依据任务或者更新的不同而像单片机一样去烧写程序。使用树莓派基本上通过各种库操作 GPIO 来对外设进行控制,并且如果通过网络把它挂接到互联网上,还可以进行远程操作。

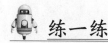 **练一练**

1. 视频回传时,晃动鼠标,观察 POS 数值变化和数学中的坐标系有什么不同?

2. 你之前印象中的树莓派是什么概念? 假如给你一个树莓派,你会用它来做哪些创客小物件?

5.3　监控机器人

 **谈一谈**

1. Aelos Pro 机器人摄像头有哪几大功能?

2. 头部舵机使用需要注意什么?

生产生活中监控器固定在墙壁等位置,会出现视觉死角,存在安全隐患。现在生产车间需要监控机器人,使用 Aelos Pro 视频回传功能,随时无死角回传生产车间情况,当后台从视频中看到安全隐患时,远程操作机器人采取相应的措施。在下面的学习中,我们将共同运用 Aelos Pro 机器人完成监控机器人的设计。

5.3.1　准备工作

1. 材料准备

硬件:Aelos Pro 机器人,USB 下载线,Aelos Pro 机器人光敏传感器、火焰传感器、触摸传感器,LED 模块,遥控器。

软件:aelos_edu 编程软件。

2. 操作准备

(1)保持机器人电量充足,机器人置于平面上。

(2)打开机器人电源等待启动完成,待显示传感器数值后,连接好 USB 下载线。

(3)按照案例功能将相应传感器置于 Aelos Pro 机器人传感器端口。

(4)编辑机器人程序,连接机器人,将编辑完成的程序下载。

(5)断开下载线,按下机器人【RESET】键复位机器人。

(6)10 s 后,根据程序设计,通过遥控器、传感器触发机器人,观察机器人动作是否与设计的一致。

5.3.2 实践案例进阶

1. 实践案例1

功能描述:打开视觉回传,当按下触摸传感器时,机器人进行左右摆头,进行区域巡视。程序如图5.11所示。

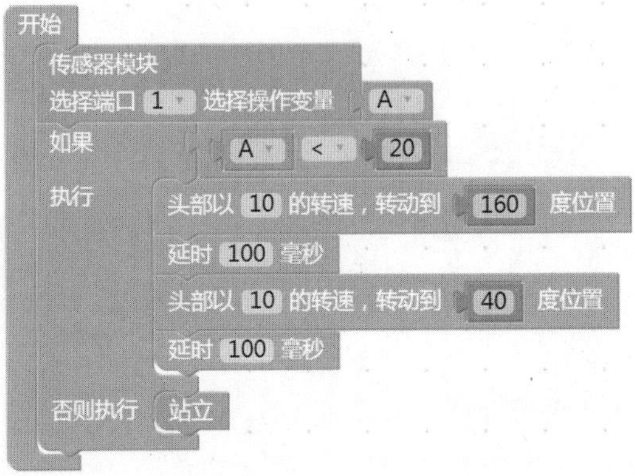

图 5.11　实践案例1程序

2. 实践案例2

功能描述:打开视觉回传,用遥控器控制机器人到指定区域,按下遥控器1号键,天亮时,机器人左右巡视,天黑时,机器人站立。程序如图5.12所示。

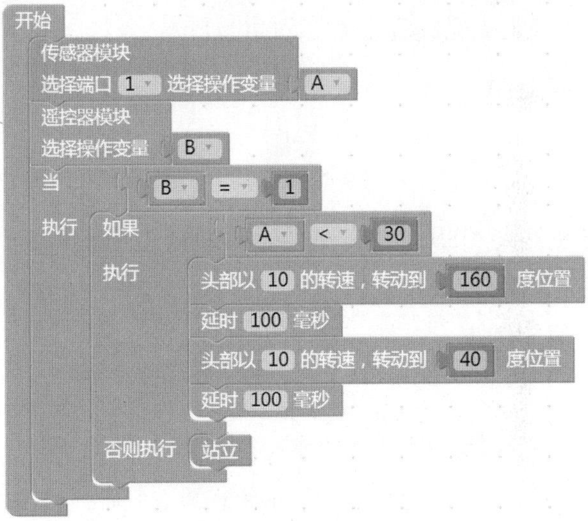

图 5.12　实践案例2程序

3. 实践案例3

功能描述:打开视觉回传,按下触摸传感器,机器人慢走,遇到障碍物时,机器人左右巡视,查看障碍物。程序如图5.13所示。

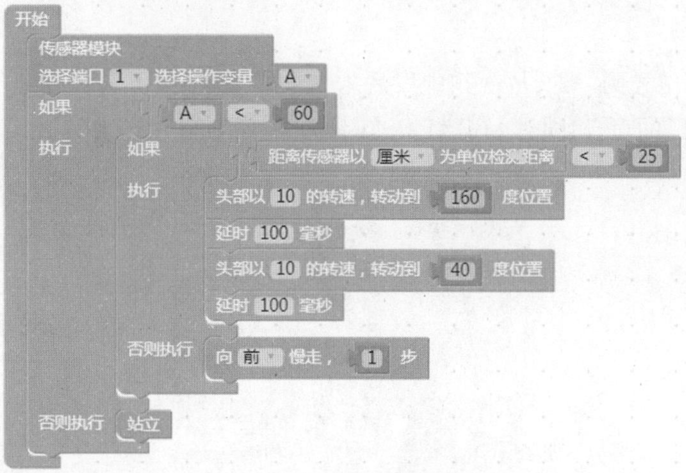

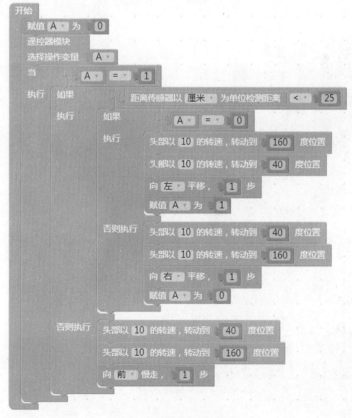

图 5.13　实践案例 3 程序

4. 实践案例 4

功能描述:打开视觉回传,按下遥控器 1 号键,机器人开始自主巡逻,并且执行"左右避障"程序,在全过程中机器人一直左右转头观察生产车间环境,并进行视频回传。程序如图 5.14 所示。

图 5.14　实践案例 4 程序

5. 实践案例 5

功能描述:巡逻到一处,从视频中发现未熄灭的烟头,按下遥控器 2 号键,机器人站立发出"请灭火"的声音,同时 LED 灯快速闪烁。程序如图 5.15 所示。

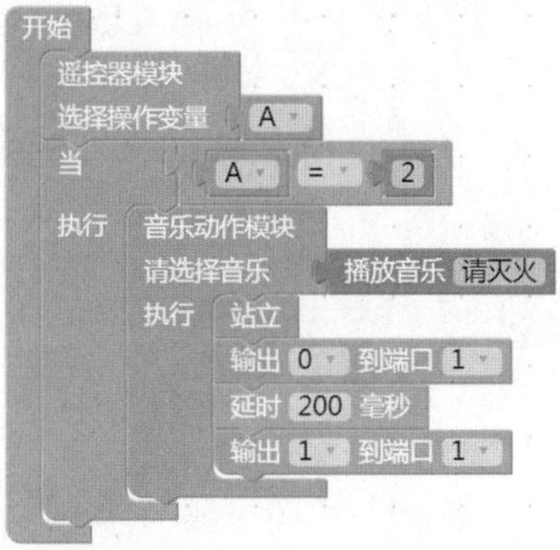

图 5.15　实践案例 5 程序

6. 实践案例 6

功能描述:工作人员将烟头熄灭,按下遥控器 3 号键,机器人继续执行"左左右巡逻"程序,在全过程中机器人一直左右转头观察生产车间环境,并进行视频回传。程序如图5.16 所示。

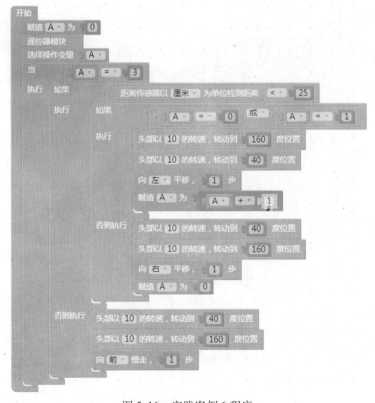

图 5.16　实践案例 6 程序

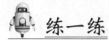 **练一练**

1. 编程练习:按下遥控器 4 号键,机器人启用光敏传感器,在天亮时感应到人,机器人鞠躬并说"欢迎光临",天黑时感应到人,机器人左右转头,向前走 3 步同时说"进行拦截"。

2. 实践案例 5 中是否需要火焰传感器? LED 模块放在哪个传感器端口?

5.4 机器人颜色识别系统

谈一谈

1. 视觉回传的配置过程是怎样的?

2. 简述头部舵机的使用速度及参数。

5.4.1 颜色传感器

颜色识别在现代生产中的应用越来越广泛,无论是遥感技术、工业过程控制、材料分拣识别、图像处理、产品质检、机器人视觉系统,还是某些模糊的探测系统都需要对颜色进行识别,而颜色传感器的飞速发展,生产过程中长期由人眼起主导作用的颜色识别工作将逐渐被颜色传感器所替代。

目前,用于颜色识别的传感器有两种基本类型:一是色标传感器;二是 RGB 颜色传感器。

1. 色标传感器

色标传感器常用于检测待测色标或物体上的斑点,通过与非色标区(或背景)相比较来实现色标检测,而不是对颜色进行直接测量。光源垂直于目标物体安装,而接收器与物体成锐角方向安装,让它只检测来自目标物体的散射光,从而避免传感器直接接收反射光。此类传感器又分为两类:一类是以白炽灯为光源;另一类是单色光源。以白炽灯为基础的传感器用有色光源检测颜色,这种白炽灯发射包括红外在内的各种颜色的光,因此用这种光源的传感器可在很宽范围上检测颜色的微小变化。另外,白炽灯传感器的检测电路通常都十分简单,因此可获得极快的响应速度。然而,白炽灯不允许振动和延长使用时间,因此不适用于有严重冲击和振动的场合。使用单色光源(即绿色或红色 LED)的色标传感器就其原理来说并不是检测颜色,它是通过检测色标对光束的反射或吸收量与周围材料相比的不同而实现检测的。所以,颜色的识别要严格与照射在目标上的光谱成分相对应。色标传感器实物如图 5.17 所示。

图 5.17　色标传感器

2. RGB 颜色传感器

RGB 颜色传感器对相似颜色和色调的检测可靠性较高。它是通过测量构成物体颜色的三基色的反射比率实现颜色检测的,由于这种颜色检测法精密度极高,所以 RGB 传感器能准确区别极其相似的颜色,甚至相同颜色的不同色调。一般 RGB 传感器都有红、绿、蓝三种光源,三种光通过同一透镜发射后被目标物体反射,光被反射或吸收的量值取决于物体颜色。RGB 传感器有两种测量模式:一种模式是分析红、绿、蓝光的比例,因为检测距离无论怎样变化,只能引起光强的变化,而三种颜色光的比例不会变,因此,即使在目标有机械振动的场合也可检测;另二种模式是利用红绿蓝三基色的反射光强度实现检测目的,利用这种模式可实现微小颜色判别的检测,但传感器会受目标机械位置的影响。RGB 颜色传感器实物如图 5.18 所示。

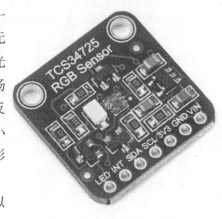

目前,基于各种原理的 RGB 颜色传感器有以下两种类型。

图 5.18　RGB 颜色传感器

(1)标准 RGB 颜色传感器。

标准 RGB 颜色传感器检测的是三重刺激值,一般是三个光电二极管贴上三基滤波片;还有一种是色差传感器,检测被测物体与标准颜色的色差,两个物体的色差判断常用双 PN 结色敏传感器。

(2)CS 颜色传感器。

CS 颜色传感器是应用于自动化生产线上的色彩测量的传感器,具有测量速度快、分辨率高、不受外界光线干扰且无须任何保养等优点。可非接触监控彩色及透明的物体。主要应用于印刷品、包装标签、填充物、包装记号、商标、零件的辨识和分类。

检测原理:颜色传感器利用特殊的三色光原理。颜色传感器将光线(红、绿、蓝)投射到被检测的物体上,利用反射光与三色光的色差计算检出的值,再与设定的三波段触发值进行比较。

5.4.2　RGB 三原色颜色系统

1. RGB

RGB 是一种色彩模式,是通过对红(R)、绿(G)、蓝(B)三个颜色通道变化以及它们相互之间的叠加来得到各式各样的颜色,RGB 即是代表红、绿、蓝三个通道的颜色,是目前运用最广泛的颜色系统之一。在计算机中,RGB 的所谓"多少"就是指亮度,并使用整数来表示。通常情况下,RGB 各有 256 级亮度,用数字表示为 0,1,2,…,255。注意虽然数字最高是 255,但 0 也是数值之一,因此共 256 级,如同 2000 年到 2010 年共是 11 年一样。红、绿、蓝三个颜色通道每种色各分为 256 阶亮度,在 0 时"灯"最弱——是关闭状态,而在 255 时"灯"最亮。当三色灰度数值相同时,产生不同灰度值的灰色调,即三色灰度都为 0 时,是最暗的黑色调;三色灰度都为 255 时,是最亮的白色调。

白色:RGB (255,255,255)

黑色:RGB (0,0,0)

红色:RGB (255,0,0)

绿色:RGB (0,255,0)

蓝色:RGB (0,0,255)

青色:RGB (0,255,255)

紫色:RGB (255,0,255)

调整 R、G、B 的数值,便可以得到深浅不一的各种颜色。

其他常用颜色的 RGB 值如图 5.19 所示。

颜色样式	RGB 数值	颜色代码	颜色样式	RGB 数值	颜色代码
黑色	0, 0, 0	#000000	白色	255, 255, 255	#FFFFFF
象牙黑	88, 87, 86	#666666	天蓝灰	202, 235, 216	#F0FFFF
冷灰	128, 138, 135	#808A87	灰色	192, 192, 192	#CCCCCC
暖灰	128, 118, 105	#808069	象牙灰	251, 255, 242	#FAFFF0
石板灰	118, 128, 105	#E6E6E6	亚麻灰	250, 240, 230	#FAF0E6
白烟灰	245, 245, 245	#F5F5F5	杏仁灰	255, 235, 205	#FFFFCD
蛋壳灰	252, 230, 202	#FCE6C9	贝壳灰	255, 245, 238	#FFF5EE
红色	255, 0, 0	#FF0000	黄色	255, 255, 0	#FFFF00
镉红	227, 23, 13	#E3170D	镉黄	255, 153, 18	#FF9912
砖红	156, 102, 31	#9C661F	香蕉黄	227, 207, 87	#E3CF57

图 5.19　常用颜色的 RGB 值

2. 三原色原理及应用

（1）色光三原色——加色法原理。

人的眼睛是根据所看见的光的频率来识别颜色的。可见光谱中的大部分颜色可以由三种基本色光按不同的比例混合而成,这三种基本色光的颜色就是红（R）、绿（G）、蓝（B）。这三种光以相同的比例混合,且达到一定的强度,就呈现白色（白光）;若三种光的强度均为零,就是黑色（黑暗）,这就是加色法原理,如图 5.20 所示。加色法原理被广泛应用于电视机、监视器等主动发光的产品中。

电视机、显示器就是利用了光学原理的三原色,颜色是通过三色不同量叠加产生的。由于光学上的颜色与印刷上的颜色成色原理不同,所以它们所表达的色彩范围（色域）也不同,一般说光学的色域包含印刷的色域。这就是为什么印刷品的颜色有时无法达到显示器或电视机上显示的颜色。

（2）色料（颜料）三原色——减色法原理。

在打印、印刷、油漆、绘画等靠介质表面的反射被动发光的场合,物体所呈现的颜色是光源中被颜料吸收后所剩余的部分,所以其成色的原理称为减色法原理,如图 5.21 所示。减色法原理被广泛应用于各种被动发光的场合。在减色法原理中的三原色颜料分别是青、品红和黄。

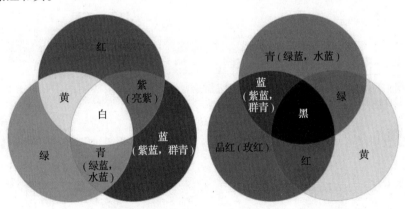

图 5.20　色光三原色　　　　　图 5.21　色料三原色

3. 认识颜色识别模块

在 aelos_edu 软件中点击【视觉】,找到视觉模块,如图 5.22 所示。识别到目标物的 RGB 值,就可以通过这个 RGB 值对目标颜色进行追踪,为了更方便观察识别到的目标物的颜色和位置,可以对目标物颜色进行标记。红色识别程序如图 5.23 所示。

打开视频回传界面,可以看到一个红色的矩形框选的目标色（矩形框的颜色可以在程序中更改）,红色的矩形框会跟随着目标物移动,如图 5.24 所示。

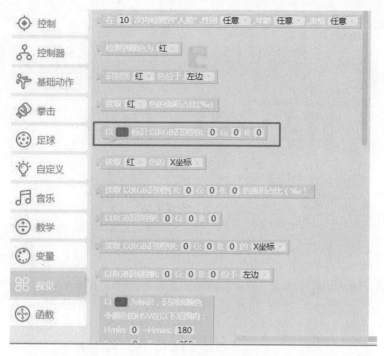

图 5.22 视觉模块的位置

图 5.23 红色识别程序

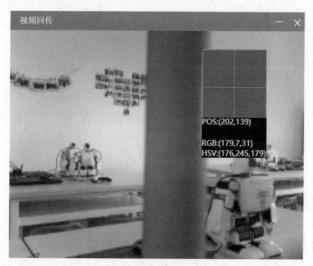

图 5.24 视频回传界面

4. 编程实践

在程序中,首先机器人以红色为标识,当机器人识别到到,就会执行右移动作。程序如图 5.25 所示。

图 5.25　视觉识别红色机器人动作程序

 练一练

将不同的颜色搭配(色光三原色),会出现什么颜色?

5.5　颜色分辨程序编程实践

谈一谈

1. 颜色识别模块有哪几种?

2. 通过视频回传,识别红色的具体数值。

5.5.1　准备工作

1. 材料准备

硬件:Aelos Pro 机器人,USB 下载线,Aelos Pro 机器人光敏传感器,遥控器。

软件:aelos_edu 编程软件。

2. 操作准备

(1)保持机器人电量充足,机器人置于平面上。

(2)打开机器人电源等待启动完成,待显示传感器数值后连接好 USB 下载线。

(3)按照案例功能将相应传感器置于 Aelos Pro 机器人传感器端口。

(4)编辑机器人程序,连接机器人,将编辑完成的程序下载。

(5)断开下载线,按下机器人【RESET】键复位机器人。

(6)10 s 后,根据程序设计,通过遥控器/传感器触发机器人,观察机器人动作是否与设计一致。

5.5.2 实践案例进阶

1. 实践案例1

功能描述:给 Aelos Pro 机器人红色的木块。当给 Aelos Pro 机器人蓝色的木块时,Aelos Pro 进行颜色识别,机器人播放"这不是红色的",并做挠头动作;当给 Aelos Pro 机器人红色木块时,机器人做欢呼动作,并说"谢谢你";当 Aelos Pro 机器人识别到其他颜色时,机器人播放"我想要红色的",并执行挥手动作。程序如图5.26 所示。

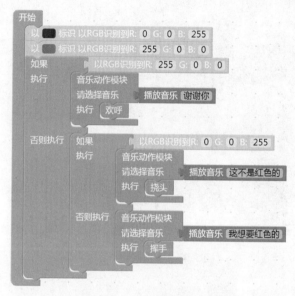

图5.26 实践案例1程序

2. 实践案例2

功能描述:白天,当检测到有物体靠近,机器人识别到绿色卡片时,鞠躬,并播放音乐"请进";当机器人识别到红色卡片时,执行挥手动作;当识别到其他颜色时,机器人保持站立。晚上,机器人保持站立,并左右摆头巡视。程序如图5.27 所示。

3. 实践案例3

功能描述:智能机器人交警。白天,当机器人检测到红灯时,执行停止信号;当机器人检测到绿灯时,执行直行信号;当机器人检测到黄灯时,执行减速慢行信号;当机器人检测到物体靠近时,执行敬军礼动作。晚上,机器人保持站立。程序如图5.28 所示。

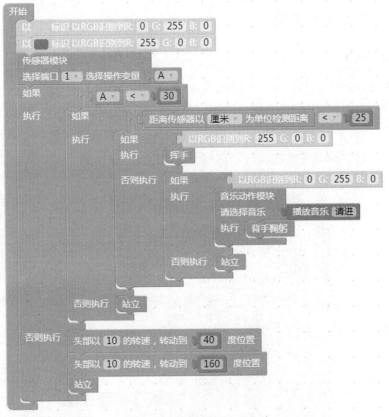

图 5.27　实践案例 2 程序

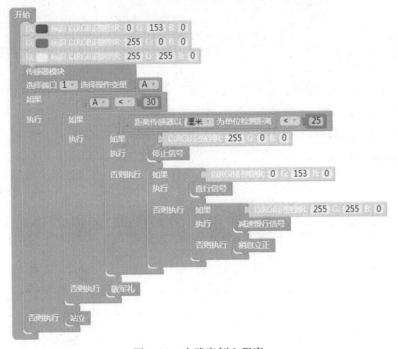

图 5.28　实践案例 3 程序

4. 实践案例4

功能描述:视野中出现红色时,机器人以10的速度左右摇头,先左后右,范围是40°~160°。程序如图5.29所示。

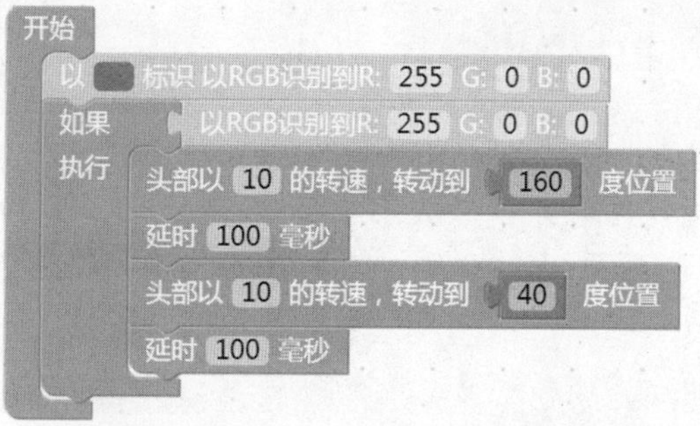

图 5.29　实践案例4程序

5. 实践案例5

功能描述:机器人进行颜色追踪,始终保持红色位于机器人视野中央。头部转动速度为10,每次转动加5°。程序如图5.30所示。

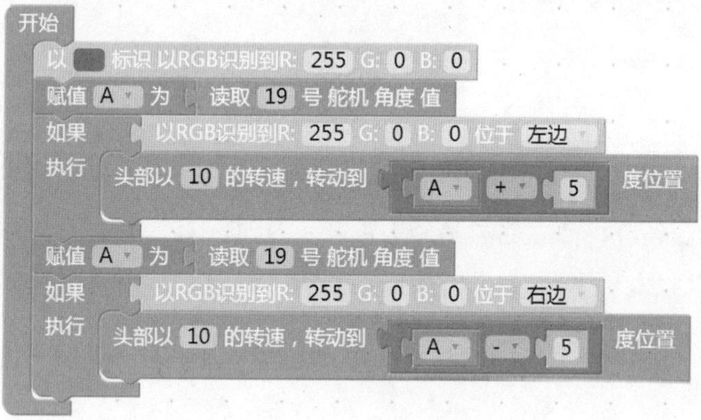

图 5.30　实践案例5程序

6. 实践案例6

功能描述:按下遥控器1号键,机器人在慢走过程中,遇到障碍物时保持站立,进行颜色追踪。保持红色位于机器人视野中央。当红色位于中央的时候,播放音乐"我捉到你了",并执行欢呼动作。程序如图5.31所示。

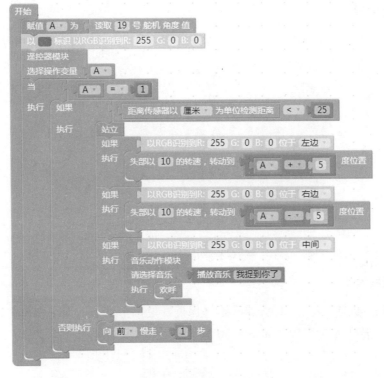

图 5.31　实践案例 6 程序

练一练

编程练习:机器人执行"左右避障"程序,第一次遇到障碍物左移 5 步,第二次遇到障碍物右移 5 步,以此重复执行,当机器人识别到前方红色物体时,保持站立,头部以 25 的速度左右摇头,先左后右,范围是 40° ~ 160°。

5.6　位置信息读取

谈一谈

简述颜色分辨程序编写过程中的注意事项。

5.6.1　认识坐标系

1. 坐标系及其分类

坐标系是理科常用的辅助工具。为了说明质点的位置、运动的快慢、方向等,必须选取其坐标系。在参照系中,为确定空间一点的位置,按规定方法选取的有次序的一组数据,就称为"坐标"。在某一问题中规定坐标的方法,就是该问题所用的坐标系。

坐标系的种类很多,常用的坐标系有笛卡尔直角坐标系、平面极坐标系、柱面坐标系(或称柱坐标系)和球面坐标系(或称球坐标系)等。中学物理学中常用的坐标系为直角坐标系,或称为正交坐标系。

从广义上讲,事物的一切抽象概念都是参照于其所属的坐标系存在的,同一个事物在不同的坐标系中就会由不同抽象概念来表示,与坐标系表达的事物有联系的抽象概念的数量(既坐标轴的数量)就是该事物所处空间的维度。

2. 象限

象限,是平面直角坐标系(笛卡尔坐标系)中的横轴和纵轴所划分的四个区域,每一个区域称为一个象限。主要应用于三角学和复数中的坐标系。象限以原点为中心,x 轴和 y 轴为分界线。右上的称为第一象限,左上的称为第二象限,左下的称为第三象限,右下的称为第四象限。坐标轴上的点不属于任何象限。

3. 机器人的 POS

把鼠标移动到需要识别的颜色上面时就会出现三个参数,分别为 POS、RGB、HSV,如图 5.32 所示。POS 表示当前鼠标位置的坐标。机器人视线范围坐标图如图 5.33 所示。x 轴从左往右变大,y 轴从上往下变大,所以机器人的坐标系原点和数学中的坐标系原点是不同的,机器人的坐标系原点在左上方。

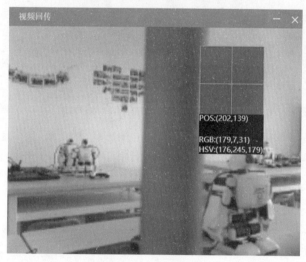

图 5.32 视频回传坐标

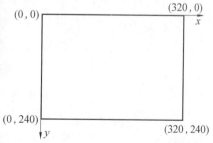

图 5.33 机器人视线范围坐标图

5.6.2 读取坐标位置、占比率、宽度和高度

1. 目标物位置信息

想要机器人抓取目标物,就需要对目标物有更精准的位置信息,比如目标物的远近、左右位置,确定位置后机器人才能准确地运动到目标物面前抓取目标物。在标记目标物后会发现矩形框下面有一些数据,这些数据就代表了目标物当前的位置信息,如图 5.34 所示。

图 5.34　视频回传目标物位置信息

X,Y 代表了当前标记矩形框中心点的坐标;

S 代表了当前标记矩形框在画面中的占比;

W,H 代表了当前标记矩形框的宽度和高度;

RGB 代表了当前标记矩形框的 RGB 颜色值。

2. 坐标位置

把鼠标放在机器人摄像头回传的画面上,会出现代表坐标的 POS 数值,可以通过鼠标来确定机器人识别画面的坐标,把鼠标放在左上角可以看到 POS 值为"0,0",表示这个位置是坐标的起始位置,把鼠标放在右下角可以看到 POS 值为"318,236",这样就可以计算出画面中心点的位置是"159,118",如图 5.35 所示。根据目标物的坐标位置,可以检测出目标物上下左右位置,如果目标物偏移了中心点,可以通过机器人左移、右移进行矫正,让机器人能准确地向目标物前进。

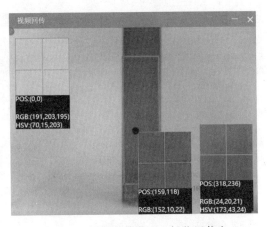

图 5.35　视频回传界面坐标位置信息

3. 占比率

平时使用摄像机拍摄物体的时候会发现,距离越近所拍摄的目标物就越大,机器人的识别画面也一样。当离目标物远的时候,目标物在整个画面里的面积就会比较小,即占比率很小;当离目标物比较近的时候,目标物在整个画面里的面积就会比较大,即占比

率变大,如图5.36所示。通过占比率的不同,可以计算出机器人离目标物的距离,当机器人走到可以抓取目标的位置时,就让机器人停止,并抓取目标物。

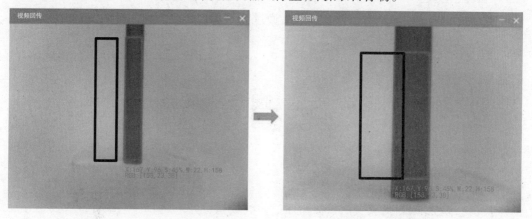

图5.36 视频回传目标物远近占比率

4. 宽度和高度

在一些特殊的应用场景中,可能不知道目标物的宽度和高度是多少,这样在程序设计中就不能确定是用单手爪还是双手爪,这时候就需要机器人识别宽度和高度信息,用坐标位置和占比率确定机器人离目标物的距离,再进行宽度和高度识别进行数据转换,计算出物体的宽度和高度。

5.6.3 卫星定位导航系统

1. 全球定位系统

全球定位系统(Global Positioning System,GPS)是一种以空中卫星为基础的高精度无线电导航的定位系统,它在全球任何地方以及近地空间都能够提供准确的地理位置、车行速度及精确的时间信息。GPS自问世以来,就以其高精度、全天候、全球覆盖、方便灵活吸引了众多用户。GPS不仅是汽车的守护神,同时也是物流行业管理的智多星。随着物流业的快速发展,GPS起到举足轻重的作用,成为继汽车市场后的第二大主要消费群体。

2. 北斗卫星导航系统

中国北斗卫星导航系统(BeiDou Navigation Satellite System,BDS)是中国自行研制的全球卫星导航系统,也是继GPS、GLONASS之后的第三个成熟的卫星导航系统。

北斗卫星导航系统由空间段、地面段和用户段三部分组成,可在全球范围内全天候、全天时为各类用户提供高精度、高可靠定位、导航、授时服务,并且具备短报文通信能力,已经初步具备区域导航、定位和授时能力,定位精度为分米、厘米级别,测速精度为0.2 m/s,授时精度为10 ns。

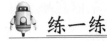

练一练

你了解的定位系统都有哪些？为什么通过儿童手表就能找到儿童的位置,用的是什么原理？

5.7 定位抓取案例实践

谈一谈

1. 机器人抓取目标物,会对目标物标记一些数据,这些数据 X,Y,S,W,H,RGB 分别代表什么？

2. 全球定位系统的功能有哪些?

5.7.1 准备工作

1. 材料准备

硬件:Aelos Pro 机器人,USB 下载线,Aelos Pro 机器人光敏传感器,遥控器。

软件:aelos_edu 编程软件。

2. 操作准备

(1)保持机器人电量充足,机器人置于平面上。

(2)打开机器人电源等待启动完成,待显示传感器数值后,连接好 USB 下载线。

(3)按照案例功能将相应传感器置于 Aelos Pro 机器人传感器端口。

(4)编辑机器人程序,连接机器人,将编辑完成的程序下载。

(5)断开下载线,按下机器人【RESET】键复位机器人。

(6)10 s 后,根据程序设计,通过遥控器、传感器触发机器人,观察机器人动作是否与设计的一致。

5.7.2 实践案例进阶

1. 实践案例 1

功能描述:按遥控器 1 号键,左手张开 40°,并保持该状态。程序如图 5.37 所示。

2. 实践案例 2

功能描述:按遥控器 2 号键,双手先张开再夹取,并保持该夹取状态。程序如图 5.38

所示。

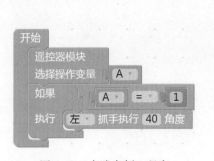

图5.37 实践案例1程序

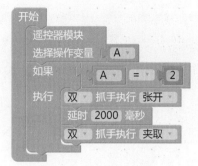

图5.38 实践案例2程序

3. 实践案例3

功能描述：按遥控器3号键，机器人执行慢走，检测到障碍物站立，执行抓取。程序如图5.39所示。

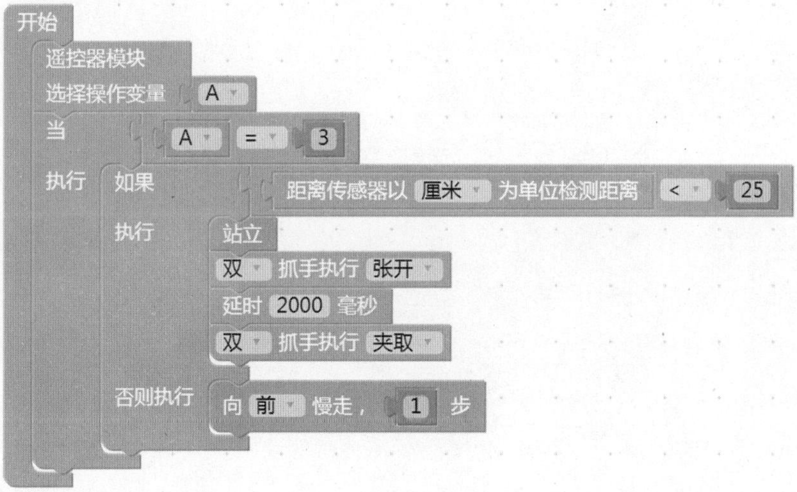

图5.39 实践案例3程序

4. 实践案例4

功能描述：机器人识别到红色木棒，右手抓取；识别到蓝色木棒，左手抓取。程序如图5.40所示。

5. 实践案例5

功能描述：当天亮时，按下触摸传感器，机器人执行左右摆头，当发现红色时，左手执行抓取；天黑时，机器人停止工作，保持站立。程序如图5.41所示。

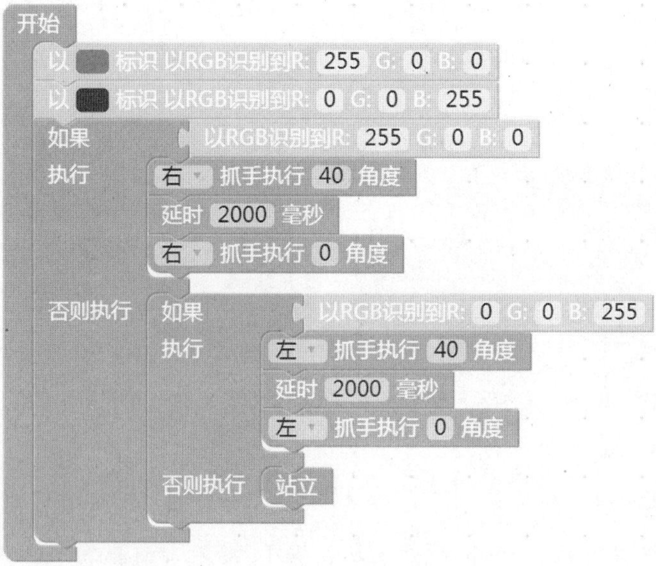

图 5.40　实践案例 4 程序

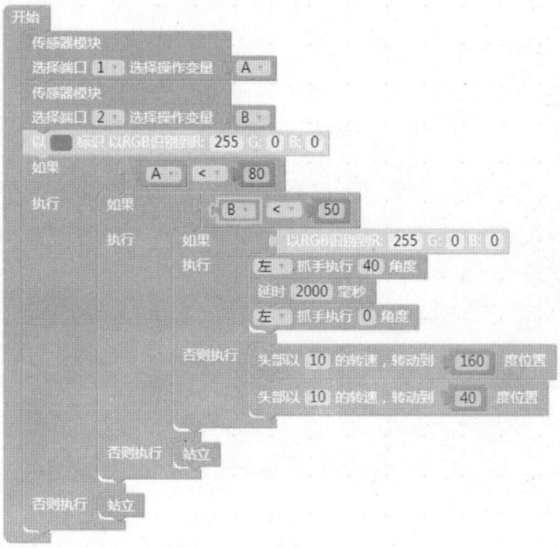

图 5.41　实践案例 5 程序

6. 实践案例 6

　　功能描述：机器人左右摆头，每次摆头幅度为 5°，在摆头的全过程进行红色判断，当发现红色时，双手抓取。程序如图 5.42 所示。

7. 实践案例 7

　　功能描述：前方有一红色物体，机器人慢走，当红色占比率达到 1/5 时，机器人停止，进行颜色识别。第一次识别到蓝色物体，抓取放在左边，第二次识别到蓝色物体，抓取放在右边。程序如图 5.43 所示。

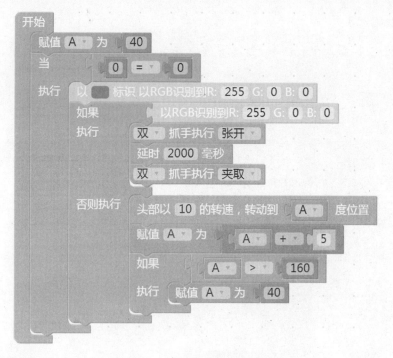

图 5.42 实践案例 6 程序

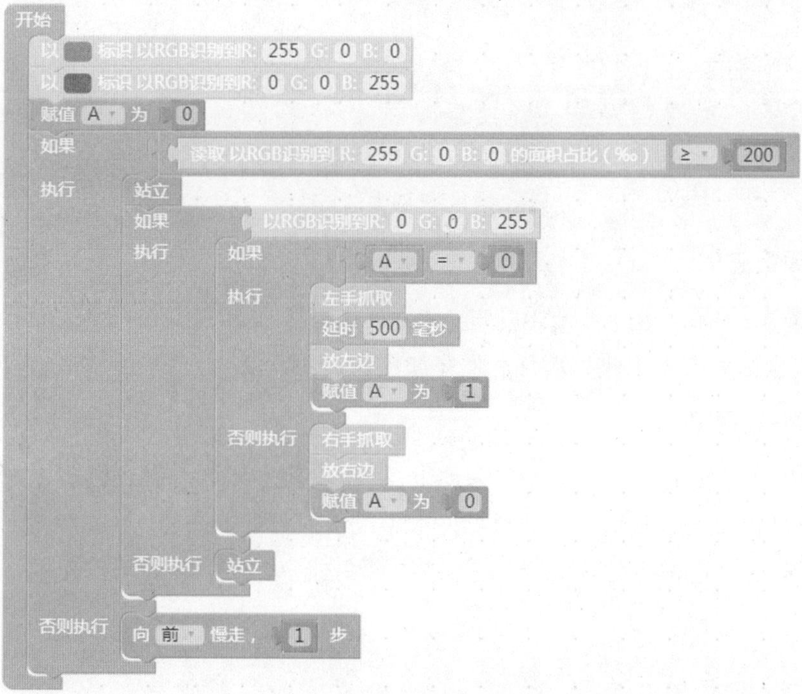

图 5.43 实践案例 7 程序

8. 实践案例 8

功能描述:机器人左右摆头,当发现黄色井盖时,用左手抓取将其复原。程序如图5.44所示。

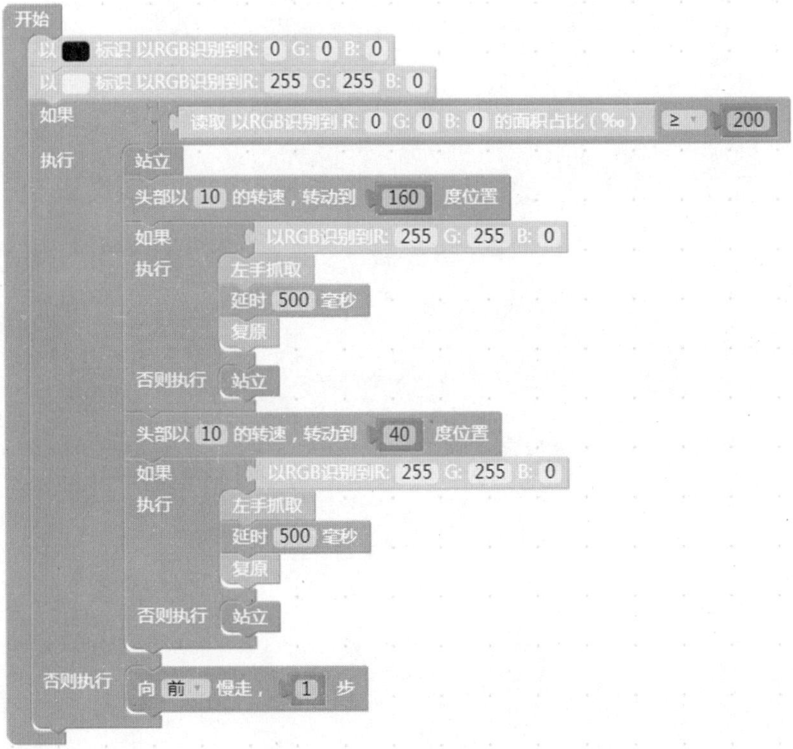

图 5.44　实践案例 8 程序

9. 实践案例 9

功能描述:如果 X 坐标小于 100,进行左移;如果 X 坐标在 100~250 之间,抓取目标物;如果 X 坐标大于 250,进行右移。程序如图 5.45 所示。

10. 实践案例 10

功能描述:前方有一红色木棒插在地上,机器人前去抓取。假设机器人走的过程中会发生偏移(需要实时调整),并且当红色木棒位于视野的 POS(100~200,任意)坐标时才能伸手抓住,红色木棒足够高,当红色木棒屏幕占比大于 1/10 时可以抓取。程序如图5.46 所示。

图 5.45 实践案例 9 程序

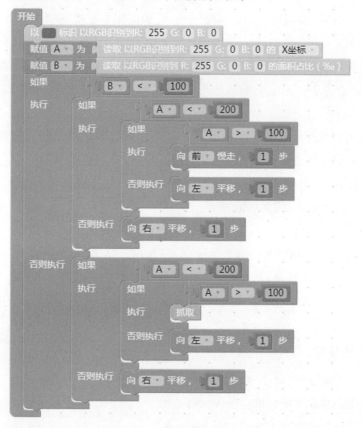

图 5.46 实践案例 10 程序

程序编写:机器人进行颜色避障,在慢走过程中,当屏幕占比达到 1/5 时,识别到红色左移,识别到蓝色右移。

5.8 HSV 颜色模式

谈一谈

机器人坐标位置范围是多少?

5.8.1 HSV 颜色模式的介绍

1.什么是 HSV

HSV 是基于人的眼睛对色彩的识别,是一种从视觉的角度定义的颜色模式。它将色彩分解为色调、饱和度和亮度。通过调整色调、饱和度和亮度得到颜色和变化。

(1)色调(H)。

色调用角度度量,取值范围为 0°~360°,从红色开始按逆时针方向计算,红色为 0°,绿色为 120°,蓝色为 240°。它们的补色是:黄色为 60°,青色为 180°,紫色为 300°。

(2)饱和度(S)。

饱和度表示颜色接近光谱色的程度。一种颜色可以看成是某种光谱色与白色混合的结果。其中光谱色所占的比例越大,颜色接近光谱色的程度就越高,颜色的饱和度也就越高。饱和度高,颜色则深而艳。光谱色的白光成分为 0,饱和度达到最高。通常取值范围为 0~100%,值越大,颜色越饱和。

(3)亮度(V)。

亮度表示颜色明亮的程度。对于光源色,明度值与发光体的光亮度有关;对于物体色,此值和物体的透射比或反射比有关。通常取值范围为 0(黑)~100%(白)。

2.HSV 颜色空间

HSV 颜色空间模型对应于圆柱坐标系中的一个圆锥形子集,圆锥的顶面对应于 V = 1,如图 5.47 所示。它包含 RGB 模型中的 R = 1,G = 1,

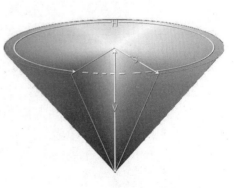

图 5.47 HSV 颜色空间

B=1三个面,所代表的颜色较亮。色彩 H 由绕 V 轴的旋转角给定。红色对应于角度0°,绿色对应于角度120°,蓝色对应于角度240°。在 HSV 颜色模型中,每种颜色和它的补色相差180°。饱和度 S 取值从 0 到 1,所以圆锥顶面的半径为 1。

HSV 颜色空间模型所代表的颜色域是 CIE 色度图的一个子集,这个模型中饱和度为100%的颜色,其纯度一般小于100%。在圆锥的顶点(即原点)处,V=0,H 和 S 无定义,代表黑色。圆锥的顶面中心处 S=0,V=1,H 无定义,代表白色。从该点到原点代表亮度渐暗的灰色,即具有不同灰度的灰色。对于这些点,S=0,H 的值无定义。

可以说,HSV 颜色空间模型中的 V 轴对应于 RGB 颜色空间中的主对角线。在圆锥顶面的圆周上的颜色,V=1,S=1,这种颜色是纯色。HSV 颜色空间模型对应于画家配色的方法。画家用改变色浓和色深的方法从某种纯色获得不同色调的颜色,在一种纯色中加入白色以改变色浓,加入黑色以改变色深,同时加入不同比例的白色、黑色即可获得各种不同的色调。

5.8.2　HSV 基本颜色分量范围

1. HSV 分量范围

一般对颜色空间的图像进行有效处理都是在 HSV 空间进行的,然后对于基本色中对应的 HSV 分量需要给定一个准确范围,在色彩比较简单的场景里,可以给定目标色一个模糊范围,然后根据颜色的鲜艳程度调整 S(饱和度)的范围,让颜色识别更加精准。HSV分量范围见表5.1。

表5.1　HSV 分量范围

	黑	灰	白	红		橙	黄	绿	青	蓝
H_{min}	0	0	0	0	156	11	26	35	78	100
H_{max}	180	180	180	10	180	25	34	77	99	124
S_{min}	0	0	0	43		43	43	43	43	
S_{max}	255	43	30	255		255	255	255	255	255
V_{min}	0	46	221	46		46	46	46	46	46
V_{max}	46	220	255	255		255	255	255	255	255

2. HSV 与 RGB 的区别

(1)本质特性不同。

HSV 是根据颜色的直观特性由 A. R. Smith 在 1978 年创建的一种颜色空间,也称六角锥体模型。这个模型中颜色的参数分别是:色调(H),饱和度(S),亮度(V)。由于HSV 是一种比较直观的颜色模型,所以在许多图像编辑工具中应用比较广泛。

RGB 色彩模式是工业界的一种颜色标准,通过对红(R)、绿(G)、蓝(B)三个颜色通道的变化以及它们相互之间的叠加来得到各式各样的颜色,RGB 即是红、绿、蓝三个通道的颜色,这个标准几乎包括了人类视力所能感知的所有颜色,是目前运用最广的颜色系统之一。

（2）发光理论不同。

HSV 模型的三维表示是从 RGB 立方体演化而来,HSV 与 RGB 颜色模型如图 5.48 所示。设想从 RGB 沿立方体对角线的白色顶点向黑色顶点观察,就可以看到立方体的六边形外形。六边形边界表示色彩,水平轴表示纯度,亮度沿垂直轴测量。如果用 16Bit 表示 HSV 的话,可以用 7 位存放 H,4 位存放 S,5 位存放 V。

RGB 是从颜色发光的原理来设计定的,通俗点说它的颜色混合方式就好像有红、绿、蓝三盏灯,当它们的光相互叠合的时候,色彩相混,而亮度却等于三者亮度之总和,越混合亮度越高,即加法混合。红、绿、蓝三盏灯的叠加情况,中心三色最亮的叠加区为白色。

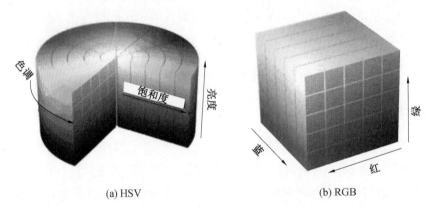

(a) HSV (b) RGB

图 5.48　HSV 与 RGB 颜色模型

3. 不同的 HSV 模型

HSV 颜色轮用于挑选所要的颜色,色度由颜色轮中的偏移角度来确定,某色调对应的三角形用于代表饱和度和亮度,三角形的水平轴代表亮度,垂直轴代表饱和度。

HSV 有时通过圆柱呈现,有时通过圆锥呈现。六角形锥也可以用来表示 HSV 模型,圆锥来表示的优势在于可以在单个对象中表示 HSV 颜色空间。基于计算机的二维特性,HSV 的圆锥模型最适合于计算机图形选择颜色,如图 5.49 所示。

HSV 的圆柱模型理论上来说是最精确的 HSV 颜色模型,但在亮度变小的时候,很难在色调和饱和度中进行区分,因此圆柱模型失去了其相关性,所以圆锥模型胜出。

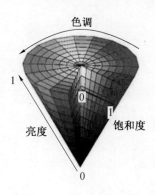

图 5.49　HSV 的圆锥模型

5.8.3　HSV 颜色识别实践

1. 模块的认识

首先需要打开视频回传功能,把红色木棒放在摄像头前面,将鼠标放在视频中不同位置发现,红色木棒的 H 范围是 156 ~ 180,S 的范围是 43 ~ 255,V 的范围是 46 ~ 255,用这个 HSV 颜色范围就可以标记出红色圆柱体,如图 5.50 所示。

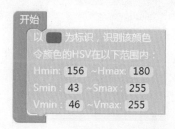

图 5.50　红色圆柱体的 HSV 颜色模块

2. HSV 编程案例实践

(1)实践案例 1。

功能描述:机器人抓取木块。按下遥控器 2 号键,将蓝色木块放在机器人面前识别,播放音乐"我不喜欢";将绿色木块放在机器人面前识别,播放音乐"我不喜欢",并做左侧踢动作;将红色木块放在机器人面前识别,播放音乐"这是我喜欢的",并做欢呼动作。程序如图 5.51 所示。

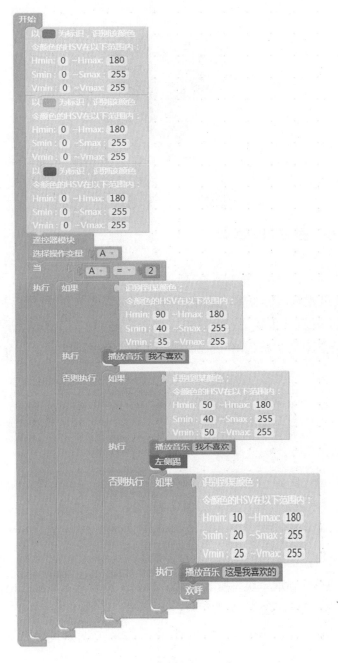

图 5.51　实践案例 1 程序

（2）实践案例 2。

功能描述：按下触摸传感器，机器人慢走；遇到障碍物，机器人保持站立；如果此时前方是红色，机器人摇头，并播放音乐"报警声"；如果前方是蓝色，机器人伸手抓取。程序如图 5.52 所示。

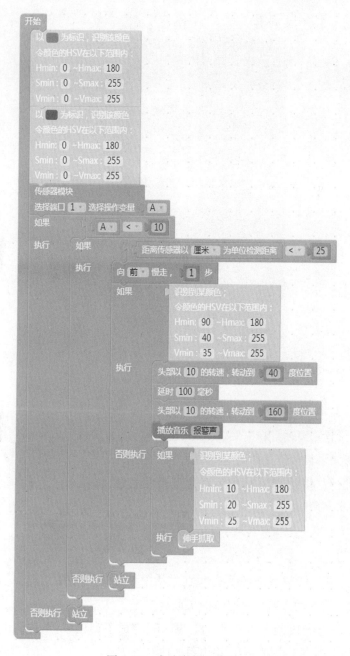

图 5.52 实践案例 2 程序

（3）实践案例 3。

功能描述：如果 X 坐标值小于 100，机器人进行左移；如果 X 坐标值在 100 ~ 200 之间，机器人前进；如果 X 坐标值大于 200，机器人进行右移。程序如图 5.53 所示。

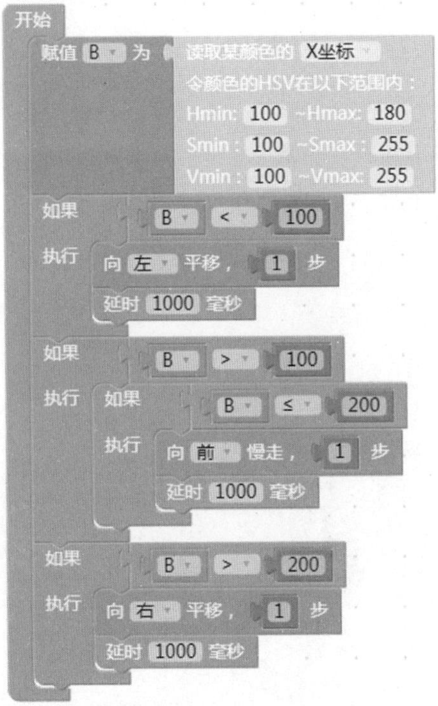

图 5.53　实践案例 3 程序

（4）操作注意事项。

如果目标位置距离远且在左侧,机器人进行左移;如果目标位置距离远且在右侧,机器人进行右移;如果目标位置距离远且在中间,机器人前进。如果目标位置距离近且在左侧,机器人进行左移;如果目标位置距离近且在右侧,机器人进行右移;如果目标位置距离近且在中间,机器人进行抓取。

练一练

1. 通过搜集资料了解 HSV 颜色分量在生活中都有哪些应用?

2. HSV 与机器人的人脸识别有哪些关联性?

3. 编程练习:结合机器人的头部舵机和手爪,完成下列程序:当将红色细棒递到机器人面前时,机器人会将头扭到一边,并用手抓住红色细棒。

本 章 小 结

在本章的学习中,读者了解了机器人头部舵机的作用、取值范围和速度,学会使用机器人头部舵机模块,并调用其完成程序,尤其是对于摄像头赋予机器人视觉的重要性有了直观认识。运用 Aelos Pro 机器人视觉、占比率,实现颜色识别模块的应用和程序的编写,并完成颜色识别与颜色追踪程序的编写,掌握 HSV 的概念、颜色模型、颜色空间,以及 HSV 模式与 RGB 模式的不同,并掌握 HSV 颜色定位抓取程序,实现用机器人判断目标物位置。

 想一想

1. 你了解的定位系统都有哪些? 中国的北斗系统是如何实现定位的?
2. 运用机器人视觉还能实现哪些功能?

第6章 多样任务"趣"完成

本章知识点

1. 了解数学函数的概念,掌握函数模块简化程序的方法;

2. 了解机器人足球比赛规则,会设计机器人足球程序;

3. 了解垃圾分类原则,能够运用视觉模块使机器人正常完成垃圾分拣任务;

4. 了解颜色避障的规则,通过 HSV 模块实现颜色避障;

5. 运用 Aelos Pro 机器人视觉完成迷宫任务;

6. 能够运用人脸识别模块与其他模块配合完成较为复杂的程序编程。

6.1 函数模块程序分析及编程实践

 谈一谈

1. 简述机器人手爪使用的注意事项。

2. 简述 HSV 颜色定位抓取程序的流程。

6.1.1 函数的认识与应用

1. 函数的由来

中文数学书上使用的"函数"一词是转译词,我国清代数学家李善兰在翻译《代数学》(1859 年)一书时,把"function"译成"函数"。中国古代"函"字与"含"字通用,都有着"包含"的意思。李善兰给出的定义是:"凡式中含天,为天之函数。"中国古代用天、地、人、物4个字来表示4个不同的未知数或变量,这个定义的含义是:"凡是公式中含有变量 x,则该式子称为 x 的函数。"

17 世纪,伽俐略在《两门新科学》一书中几乎全部包含函数或称为变量关系的这一概念,用文字和比例的语言表达函数的关系。

1673 年,莱布尼兹首次使用"function"(函数)表示"幂",后来他用该词表示曲线上点的横坐标、纵坐标、切线长等曲线上点的有关几何量。与此同时,牛顿在微积分的讨论中,使用"流量"来表示变量间的关系。

1821 年,柯西从定义变量起给出了定义:"在某些变数间存在着一定的关系,一旦给定其中某一变数的值,其他变数的值可随之确定时,则将最初的变数称为自变量,其他各变数称为函数。

1837 年,狄利克雷突破了这一局限,认为怎样去建立 x 与 y 之间的关系无关紧要,他拓展了函数概念,指出:"对于在某区间上的每一个确定的 x 值,y 都有一个确定的值,那么 y 称为 x 的函数。"这个定义避免了函数定义中对依赖关系的描述,以清晰的方式被所有数学家接受。这就是人们常说的经典函数定义。

2. 函数的概念

在一个变化过程中,发生变化的量叫变量(数学中,常常为 x,而 y 则随 x 值的变化而变化),有些数值是不随变量而改变的,称为常量。

自变量(函数):一个与它量有关联的变量,这一量中的任何一值都能在它量中找到对应的固定值。

因变量(函数):随着自变量的变化而变化,且自变量取唯一值时,因变量(函数)有且只有唯一值与其相对应。

函数值:在 y 是 x 的函数中,x 确定一个值,y 就随之确定一个值,当 x 取 a 时,y 就随之确定为 b,b 就称为 a 的函数值。

3. 函数的两种定义

函数(function)的定义通常分为传统定义和近代定义,其本质是相同的,只是叙述概念的出发点不同。传统定义是从运动变化的观点出发,而近代定义是从集合、映射的观点出发。函数的近代定义是给定一个数集 A,假设其中的元素为 x,对 A 中的元素 x 施加对应法则 f,记作 $f(x)$,得到另一数集 B,假设 B 中的元素为 y,则 y 与 x 之间的等量关系可以用 $y = f(x)$ 表示,函数概念含有三个要素:定义域 A、值域 B 和对应法则 f。其中核心是对应法则 f,它是函数关系的本质特征。

4. 函数的表示方法

(1)解析式法。

用含有数学关系的等式来表示两个变量之间的函数关系的方法称为解析式法。这种方法的优点是能简明、准确、清楚地表示出函数与自变量之间的数量关系;缺点是求对应值时往往要经过较复杂的运算,而且在实际问题中有的函数关系不一定能用表达式表示出来。

（2）列表法。

用列表的方法来表示两个变量之间函数关系的方法称为列表法。这种方法的优点是通过表格中已知自变量的值,可以直接读出与之对应的函数值;缺点是只能列出部分对应值,难以反映函数的全貌。$y = 2x$ 函数的列表法表示见表 6.1。

表 6.1　$y = 2x$ 函数的列表法表示

x	1	2	3	4
y	2	4	6	8

（3）图像法。

把一个函数的自变量 x 与对应的因变量 y 的值分别作为点的横坐标和纵坐标,在直角坐标系内描出它的对应点,所有这些点组成的图形称为该函数的图像,如图 6.1 所示。这种表示函数关系的方法称为图像法。这种方法的优点是通过函数图像可以直观、形象地把函数关系表示出来;缺点是从图像观察得到的数量关系是近似的。

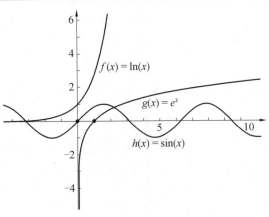

图 6.1　函数的图像

（4）语言叙述法。

使用语言文字来描述函数关系。

5. 计算机函数

计算机的函数是一个固定的程序段,或称其为一个子程序,它在可以实现固定运算功能的同时,还带有一个入口和一个出口,所谓的入口,就是函数所带的各个参数,可以通过这个入口,把函数的参数值代入子程序,供计算机处理;所谓出口,就是指函数的函数值,在计算机求得值之后,由此口带回给调用它的程序。

一个较大的程序一般应分为若干个程序块,每个模块用来实现一个特定的功能。所有的高级语言中都有子程序这个概念,用子程序实现模块的功能。在 C 语言中,子程序由一个主函数和若干个函数构成。由主函数调用其他函数,其他函数也可以互相调用。同一个函数可以被一个或多个函数调用任意多次。

6. 软件中函数的三种定义

软件中函数的三种定义:

（1）无参函数。

在函数定义阶段括号内没有参数,称为无参函数。定义无参,意味着调用时也无需传入参数,如果函数体代码逻辑不需要依赖外部传入的值,必须定义无参函数。

（2）有参函数。

在函数定义阶段括号内有参数，称为有参函数。定义时有参，意味着调用时也有必须传入参数，如果函数体代码逻辑需要依赖外部传入的值，必须定义成有参函数。

（3）函数的返回值。

函数的另外一个明显的特征就是返回值，既然函数可以进行数据处理，那就有必要将处理结果告诉我们，所以很多函数都有返回值。所谓的返回值就是函数的执行结果"如果……返回"，在使用时，只有当函数最初设计有返回值时才有返回值，否则只是简单的结束正在执行的函数。

7. 有、无输出值函数

（1）创建一个无输出值函数。

观察指令栏—函数—【至（做点什么）】，可以看到该函数只是用于实现某项功能，没有输出值，如图 6.2 所示。在之前的学习中，已经共同学习和实践了多组动作设计的程序，在这里通过使用无输出值函数，将多个动作组合成为"舞蹈"函数，在程序中直接调用。

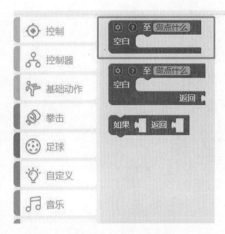

图 6.2　无输出值函数

如图 6.3 所示，新建函数"舞蹈"，将其所包含的动作逐个设计放置好，在"做点什么"位置进行函数的命名，输入"舞蹈"，则在函数中生成"舞蹈"函数，在程序中可以直接调用"舞蹈"函数实现同样的功能。

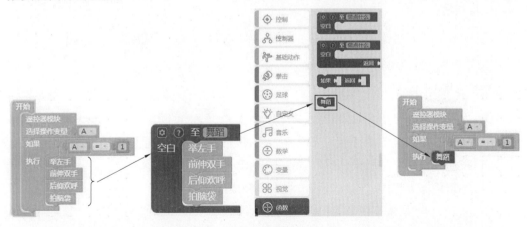

图 6.3　无输出值函数生成过程

（2）创建一个有输出值函数。

障碍物是一个判断条件，当障碍物距离小于 25 时，机器人执行右移；障碍物距离大于 25 时,机器人执行左移。

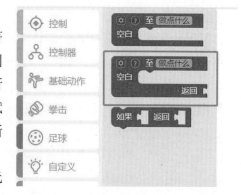

图 6.4　有输出值函数

对于有输出值函数,与无输出值函数的显著区别在于函数功能的执行是通过返回值来控制的。有输出值函数如图 6.4 所示。如图 6.5 所示,当函数中障碍物小于设定值时,变量 A 被赋值为 0,在主程序中,由于返回值为 0,满足判断条件,机器人右移;反之则左移。

通过上面的内容可以清晰地感受到,函数无论有无输出值,都可以用这一方式大大简化程序,并且能够被反复,多次调用。对于这样的函数,我们也常常称之为子程序。子程序是指在任务执行过程中,如果其中有些任务完全相同或相似,为了简化程序把这些重复的程序段单独列出,并按一定的格式编写,能被其他程序调用,并在实现任务功能后能自动返回到调用程序去的程序。

图 6.5　有输出值函数生成过程

6.1.2　函数模块实践准备工作

1. 材料准备

硬件:Aelos Pro 机器人,USB 下载线,Aelos Pro 机器人触摸传感器,遥控器。

软件:aelos_edu 编程软件。

2. 操作准备

(1)保持机器人电量充足,机器人置于平面上。

(2)打开机器人电源等待启动完成,待显示传感器数值后连接好 USB 下载线。

(3)按照案例功能将触摸传感器置于 Aelos Pro 机器人传感器 1 号端口。

(4)编辑机器人程序,连接机器人,将编辑完成的程序下载。

(5)断开下载线,按下机器人【RESET】键复位机器人。

(6)10 s 后,根据程序设计,通过遥控器、传感器触发机器人,观察机器人动作是否与设计的一致。

6.1.3 函数模块简化程序实践案例

1. 实践案例1

功能描述:按下遥控器1号键,机器人执行举左手、前伸双手、后仰欢呼、拍脑袋的动作,程序如图6.6所示。用函数简化程序,按下遥控器1号键,机器人执行以上舞蹈动作(舞蹈动作包括举左手、前伸双手、后仰欢呼、拍脑袋),用无输出值函数编写,简化程序如图6.7所示。

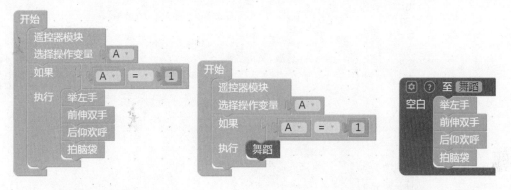

图6.6 实践案例1程序　　　　　　图6.7 实践案例1简化程序

2. 实践案例2

功能描述:编写机器人"左右避障"程序,如图6.8所示。程序无误后用函数模块简化程序,用有输出值函数编写,简化程序如图6.9所示。

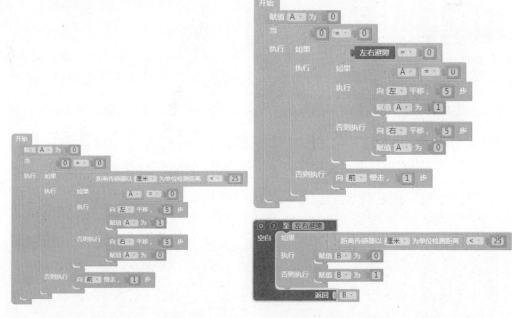

图6.8 机器人"左右避障"程序　　　　　　图6.9 实践案例2简化程序

3. 实践案例3

功能描述:编写机器人"左右避障"程序,如图6.8所示。程序无误后用函数模块简化程序,用无输出值函数编写,简化程序如图6.10所示。

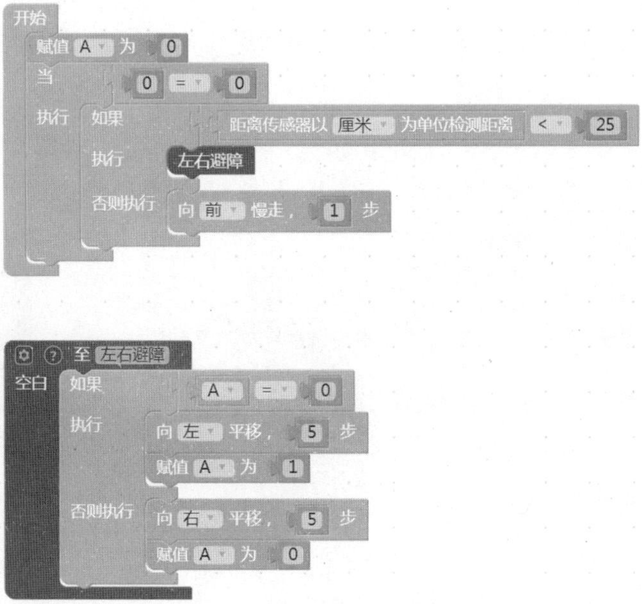

图 6.10 实践案例 3 简化程序

4. 实践案例4

功能描述:按下触摸传感器,机器人慢走,遇到障碍物,机器人保持站立,如果此时前方有红色方块,机器人摇头并播放"报警声";如果前方是蓝色方块,机器人伸手抓取。依此重复程序,程序如图6.11所示。程序无误后用函数模块简化程序,简化程序如图6.12所示。

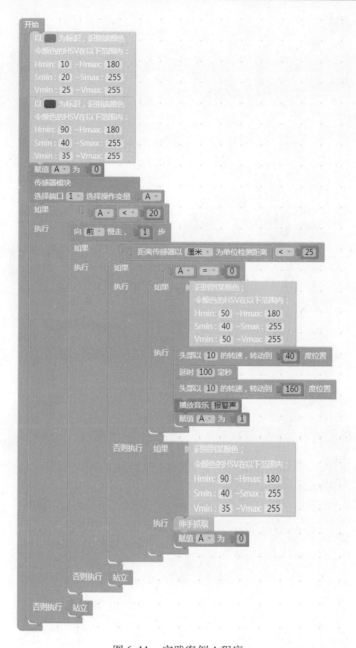

图 6.11 实践案例 4 程序

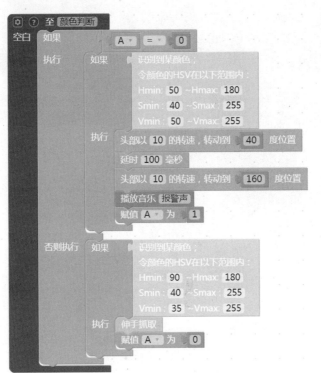

图6.12　实践案例4简化程序

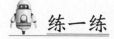 练一练

利用有输出值函数和无输出值函数的结合,编写机器人"左右避障"程序。

6.2 机器人足球程序分析及编程实践

谈一谈

1. 简述函数的三大要素。

2. 简述 Aelos Pro 机器人函数模块的三种结构。

6.2.1 足球的概述

1. 足球的起源

足球起源于中国东周时期的齐国,当时把足球命名为"蹴鞠",汉代蹴鞠是训练士兵的手段,当时制定了较为完备的规则。如专门设置了球场,规定为东西方向的长方形,两端各设六个对称的"鞠域",也称"鞠室",各由一人把守,场地四周设有围墙。比赛分为两队,互有攻守,以踢进对方鞠室的次数决定胜负。

2. 现代足球的比赛规则

现代足球比赛最常见的是 11 人制足球,分两队,每队 11 人,球员主要用脚踢球,也可用头顶球。比赛 90 分钟,分上下两半场,各 45 分钟。如遇拖延,裁判可适当补时。以将球射入对方球门多者为胜。如淘汰赛相遇时打平,可进入加时赛,时间 30 分钟,也分上下两半场,各 15 分钟。如果仍然打平,则通过罚点球来决胜负。

3. 比赛赛事

世界杯,全称 FIFA 世界杯,是由国际足球联合会统一领导和组织的世界性的足球比赛。每四年举办一次,每届比赛从预赛到决赛前后历时 3 个年头,它是世界上规模最大、影响最广、水平最高的国家队比赛,与奥运会、世界一级方程式锦标赛(F1)并称为世界三大顶级赛事。2022 年世界杯标识如图 6.13 所示。

欧洲杯,是一项由欧洲足联成员国间参加的最高级别国家级足球赛事,于 1960 年举行第一届,其后每 4 年举行一次,是与世界杯齐名的国家队国际赛事,奖金高于世界杯,仅次于欧洲冠军联赛,是国家队层面上的奖金最高的赛事。2020 年欧洲杯标识如图6.14所示。

图 6.13　2022 世界杯标识　　　图 6.14　2020 年欧洲杯标识

美洲杯,诞生于 1916 年,是美洲、亦是全世界历史最悠久的足球赛事。比赛由南美足协主办,开始时每年举办一次,27 年后不定期举行,到 1959 年改为每 4 年举办一次。至 2001 年,美洲杯比赛共举行过 40 次。2021 年美洲杯标识如图 6.15 所示。

奥运会,从 1900 年第 2 届奥运会起,足球被列为正式比赛项目。国际足联规定:允许参加过世界杯赛的职业运动员参加,奥运会足球运动员年龄限制在 23 岁以下,每队允许有 3 名超龄球员。奥运会五环标识如图 6.16 所示。

图 6.15　2021 年美洲杯标识　　　　图 6.16　奥运会五环标识

6.2.2　机器人足球的概述

随着科技的快速发展,近几年,机器人踢足球作为智能机器人领域最具有挑战性的问题之一,越来越得到广泛的关注,机器人踢足球现场如图 6.17 所示。机器人足球比赛中,需要通过视觉系统获取环境的信息,机器人要参加比赛必须有自己的眼睛,自己的双腿,自己的大脑,还得有自己的嘴——把自己的想法告诉别人,协同进行比赛。足球机器人还没有做到像我们人一样。

图 6.17　机器人踢足球现场

1. 机器人足球比赛

机器人足球比赛有两个系列:即 ROBOCUP 和 FIRA。每年都要举行一次。中国最早参加了 FIRA 比赛,东北大学代表队和哈尔滨工业大学代表队都曾取得好成绩。后来中国还参加了 ROBOCUP 系列的比赛,在 2001 年的 ROBOCUP 比赛中,清华大学代表队获得了世界冠军。另外,中国人工智能学会在 2001 年成立了机器人足球专业委员会。机器人足球参加了科技申奥主题活动,还参加了 2002 年的世界杯足球赛。以上活动说明机器人足球在中国获得良好的发展。北京信息科技大学在近几年的世界杯足球机器人比赛中多次获得冠军。

机器人足球比赛主要有四种类型,分别为半自主型(MIROSOT)、全自主型(ROBOSOT)、类人型(HUROSOT)和仿真型(SIMUROSOT)。

2. 机器人足球的动作设计

(1)机器人在站立情况下检测到足球,可判断执行左移、右移、慢走。

(2)机器人看不到足球的情况下,设计一个弯腰动作,弯腰时看到足球,机器人站立,判断执行左移、右移、慢走。

(3)机器人弯腰还是看不到足球的情况下,执行大弯腰动作,检测足球是否在脚边,检测到足球,机器人站立,判断执行左移、右移、踢足球动作。

(4)大弯腰检测不到足球,机器人回到小弯腰动作,头部左右转动检测足球,判断执行左转、右转。

6.2.3 机器人足球实践准备工作

1. 材料准备

硬件:Aelos Pro 机器人,USB 下载线,遥控器。

软件:aelos_edu 编程软件。

2. 操作准备

(1)保持机器人电量充足,机器人置于平面上。

(2)打开机器人电源等待启动完成,待显示传感器数值后,连接好 USB 下载线。

(3)编辑机器人程序,连接机器人,将编辑完成的程序下载。

(4)断开下载线,按下机器人【RESET】键复位机器人。

(5)10 s 后,根据程序设计,通过遥控器、传感器触发机器人,观察机器人动作是否与设计的一致。

6.2.4 机器人足球程序实践案例

1. 实践案例 1

功能描述:首先,将红色小球假定为足球,假设机器人在站立条件下检测到红色小球,即远看识别到红色小球颜色。拖出一个无参函数模块,将函数名改为"远看"。在该函数中编写程序,如果 X 坐标值小于 100,机器人执行左移调整位置,X 坐标值大于 200,机器人执行右移调整位置,而 X 坐标值在 100～200 之间,因为此时机器人是在站立的状态下检测到足球的,所以说明与足球之间的距离有点远,可以向前走两步。程序如图 6.18 所示。

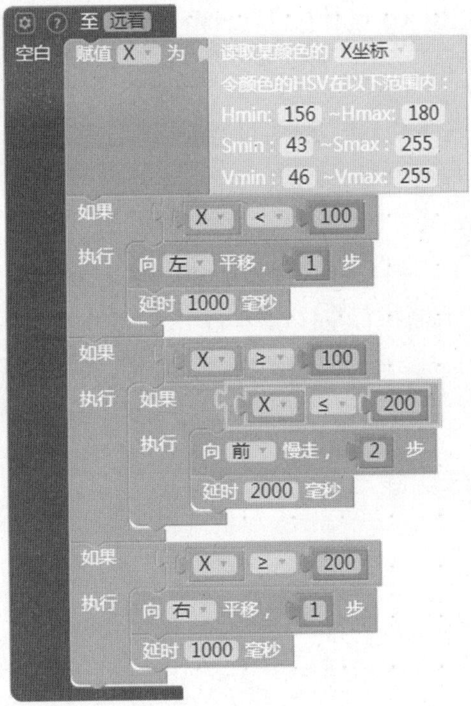

图 6.18　机器人足球实践案例 1 程序

2. 实践案例 2

功能描述:编辑一个小弯腰动作。

3. 实践案例 3

功能描述:机器人在站立状态下转头未能识别到足球,小弯腰识别足球。机器人小弯腰之后识到足球,如果 X 坐标值小于 120,机器人执行左移调整位置,X 坐标值大于 180,机器人执行右移调整位置,而 X 坐标值在 120～180 之间,因为此时机器人是在弯腰的状态下检测到足球的,所以说明与足球之间的距离较近,向前走一步即可。程序如图

6.19 所示。

4. 实践案例4

功能描述:编辑一个大弯腰动作。

5. 实践案例5

功能描述:机器人小弯腰之后还识别不到足球,执行大弯腰动作,识别到足球,如果 X 坐标小于120,机器人执行左移调整位置,X 坐标值大于220,机器人执行右移调整位置,而 X 坐标值在120~220之间,因为此时机器人是在弯腰的状态下检测到足球的,所以说明与足球之间的距离很近,执行踢球动作。程序如图6.20 所示。

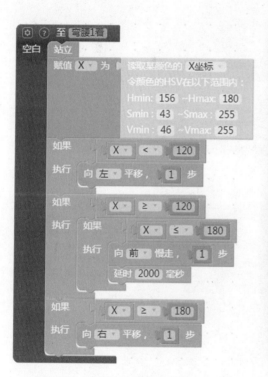

图6.19　机器人足球实践案例3程序

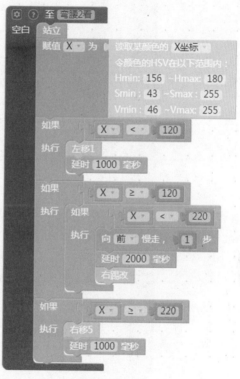

图6.20　机器人足球实践案例5程序

6. 实践案例6

功能描述:机器人在大弯腰状态下还未检测到足球,重新回到小弯腰动作,通过机器人的头部转动寻找足球。检测到足球在左侧,机器人执行左转,检测到足球在右侧,机器人执行右转,如果左侧、右侧都检测不到足球,机器人向右平移4步,调整方向,从远处识别到弯腰识别足球。程序如图6.21 所示。

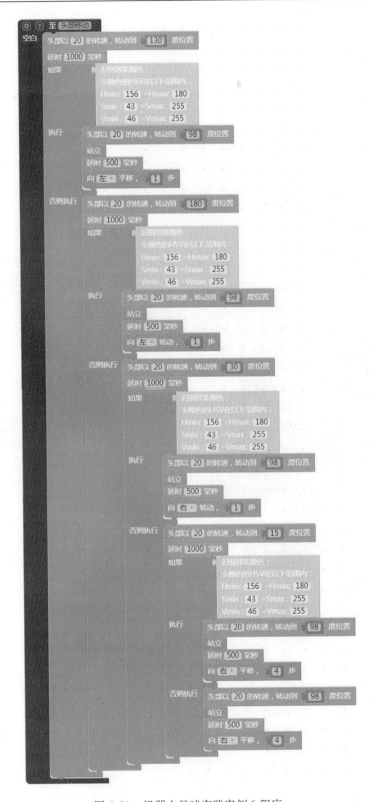

图 6.21　机器人足球实践案例 6 程序

7. 实践案例 7

功能描述:编写总程序,将 4 个函数模块调用到识别到足球的总程序中,机器人站立识别到足球颜色,执行"远看"程序,站立未识别到足球,机器人执行弯腰 1 程序。再次进行足球颜色识别,识别到足球,执行"弯腰 1 看"程序,未识别到足球,执行弯腰 2 程序,并且继续进行足球颜色识别,识别到足球,执行"弯腰 2 看"程序,如果未识别到颜色,机器人回到"弯腰 1"程序,并且执行"头部移动"程序。具体程序如图 6.22 所示。

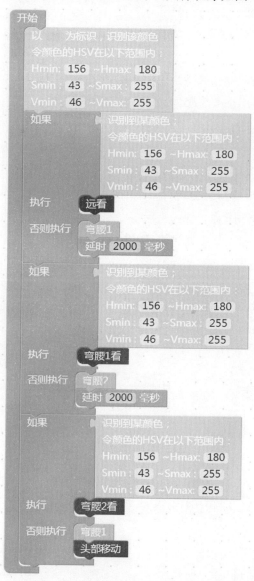

图 6.22 机器人足球实践案例 7 程序

练一练

尝试使用不同踢球方式来完成机器人踢足球任务,比如"左踢"。

6.3 机器人垃圾分拣程序分析及编程实践

谈一谈

1. 机器人足球比赛的分类有哪些?

2. 设计机器人足球比赛的思路。

6.3.1 垃圾的概述

垃圾,是人们无法利用或不再需要的废弃物品,一般是固态或液态的物质。我国人口众多,是一个垃圾生产大国。据统计,一个成年人每天平均产生 0.7~0.8 千克垃圾,每个月 24 千克,每年 288 千克。

2019 年 6 月 25 日,《固体废物污染环境防治法(修订草案)》初次提请全国人大常委会审议,草案对"生活垃圾污染环境的防治"进行了专项规定。

2019 年 9 月,为深入贯彻落实习近平总书记关于垃圾分类工作的重要指示精神,推动全国公共机构做好生活垃圾分类工作,发挥率先示范作用,国家机关事务管理局印发通知,公布《公共机构生活垃圾分类工作评价参考标准》,并就进一步推进有关工作提出要求。

6.3.2 垃圾分类

1. 垃圾的种类

(1)可回收物。

可回收物主要包括废纸、塑料、玻璃、金属和布料五大类。

废纸:主要包括报纸、期刊、图书、各种包装纸等。但是要注意,纸巾和厕纸由于水溶性太强不可回收。

塑料:各种塑料袋、塑料泡沫、塑料包装(快递包装纸是其他垃圾/干垃圾)、一次性塑料餐盒餐具、硬塑料、塑料牙刷、塑料杯子、矿泉水瓶等。

玻璃:主要包括各种玻璃瓶、碎玻璃片、暖瓶等。(镜子是其他垃圾/干垃圾)

金属物:主要包括易拉罐、罐头盒等。

布料:主要包括废弃衣服、桌布、洗脸巾、书包、鞋等。

（2）厨余垃圾。

厨余垃圾包括剩菜剩饭、骨头、菜根菜叶、果皮等食品类废物。经生物技术就地处理堆肥，每吨可生产 0.6～0.7 吨有机肥料。

（3）有害垃圾。

有害垃圾含有对人体健康有害的重金属、有毒的物质或者对环境造成现实危害或者潜在危害的废弃物。包括电池、荧光灯管、灯泡、水银温度计、油漆桶、部分家电、过期药品及其容器、过期化妆品等。这些垃圾一般使用单独回收或填埋处理。

（4）其他垃圾。

其他垃圾包括除上述几类垃圾之外的砖、瓦、陶瓷、渣土、卫生间废纸、纸巾等难以回收的废弃物及尘土、食品袋（盒）等。采取卫生填埋可有效减少对地下水、地表水、土壤及空气的污染。

2. 分类的原则

垃圾分类指在垃圾产生的源头，将不同类型的垃圾按照一定的标准或规定进行分开收集、分别投放，为后续的垃圾处理工作提供便利，有助于实现垃圾减量化与资源化。主要措施如下：

（1）分而用之。

将废弃物分流处理，回收利用，包括物质利用和能量利用，填埋处置暂时无法利用的无用垃圾。

（2）因地制宜。

地域范围不同，居民来源、生活习惯、经济与心理承担能力各不相同，需要因地制宜。

（3）自觉自治。

社区、居民、单位，逐步养成"减量、循环、自觉、自治"的行为规范，成为垃圾减量、分类、回收和利用的主力军。

（4）减排补贴。

超排惩罚。减排越多补贴越多，超排越多惩罚越重，以此提高单位和居民实行源头减量和排放控制的积极性。

垃圾分类难不难，分而用之是关键，因地制宜更方便，自觉自治要规范。

3. 垃圾处理流程

市民在家中或单位等地产生垃圾时，应将垃圾按本地区的要求做到分类贮存或投放，并注意做到以下几点：

（1）垃圾收集。

收集垃圾时，应做到密闭收集，分类收集，防止二次污染环境。

（2）投放前。

纸类应尽量叠放整齐，避免揉团；瓶罐类物品应尽可能将容器内产品用尽后，清理干净后投放；厨余垃圾应做到袋装、密闭投放。

（3）投放时。

应按垃圾分类标志的提示，分别投放到指定的地点和容器中。玻璃类物品应小心轻放，以免破损。

（4）投放后。

应注意盖好垃圾桶上盖，以免垃圾污染周围环境，滋生蚊蝇。

3. 垃圾分类的意义

垃圾分类是对垃圾收集处置传统方式的改革，是一种对垃圾进行有效处置的科学管理方法。人们面对日益增长的垃圾产量和环境状况恶化的局面，如何通过垃圾分类管理，最大限度地实现垃圾资源利用，减少垃圾处置的数量，改善生存环境状态，是当前世界各国共同关注的迫切问题。

垃圾通过综合处理利用，可以减少污染，节约资源。每回收 1 吨废纸可造好纸 850 千克，节省木材 300 千克，比等量生产减少污染 74%；每回收 1 吨塑料饮料瓶可获得 0.7 吨二级原料；每回收 1 吨废钢铁可炼好钢 0.9 吨，比用矿石冶炼节约成本 47%，减少空气污染 75%，减少 97% 的水污染和固体废物。

此外，垃圾分类也可以在源头将垃圾分类投放，并通过分类清运和回收使之重新变成资源。垃圾分类的优点是：减少土地侵蚀，减少污染，变废为宝。因此进行垃圾分类可以减少垃圾处理量和处理设备，降低处理成本，减少土地资源的消耗，具有社会、经济、生态三方面的效益。接下来就通过编程学习，让机器人小艾来帮我们分拣垃圾吧。

6.3.3 机器人垃圾分拣程序分析

1. 机器人的视觉功能

机器人的视觉功能强大，可以进行人脸识别、颜色分辨、定位追踪、视频回传。识别垃圾种类，机器人的视觉模块非常适合。

2. 模拟垃圾识别原理

通过使用不同颜色的积木块来代替不同种类的垃圾，结合 aelos_edu 软件中机器人视觉模块，可以进行垃圾识别，如图 6.23 所示，选择不同的颜色范围值来区分不同种类的垃圾。

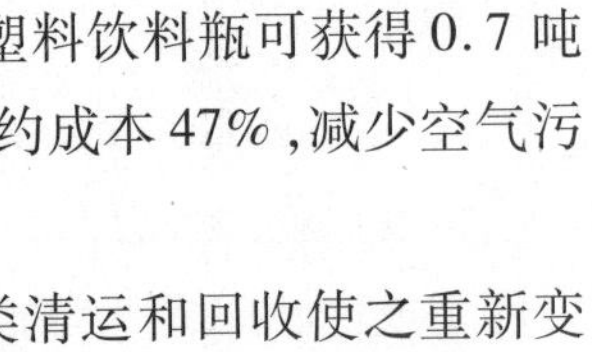

读取某颜色的面积占比（‰）
令颜色的HSV在以下范围内：
Hmin: 0 ~Hmax: 180
Smin: 0 ~Smax: 255
Vmin: 0 ~Vmax: 255

图 6.23 颜色识别模块

3. 垃圾分类

识别出垃圾的种类后,利用机器人来完成垃圾的分拣。机器人手爪张开角度为0°~40°,抓取物的最大尺寸为50 mm,抓取物的最大质量为0.1 kg。选择用不同颜色的纸团来代替垃圾,例如,用蓝色纸团代替可回收物,绿色纸团代替厨余垃圾,红色纸团代替有害垃圾,如图6.24所示。

图6.24 不同颜色的纸团代替不同种类的垃圾

4. 距离判断

(1)捡垃圾动作设计。

编程软件中,在指令栏—控制器中有"左 抓手执行 0 角度"模块,可以设置手爪张开的角度;以及"左 抓手执行 张开"模块,可以执行手爪的张开和夹取动作,如图6.25所示。通过手爪的开合,实现对垃圾的捡取。

(a) 手爪的使用1　　　　　　　　(b) 手爪的使用2

图6.25 机器人捡垃圾动作程序设计

(2)判断目标物远近。

根据机器人视觉及机器人视线范围,机器人站立状态识别到目标物表示距目标物距离远,微弯腰识别到目标物表示距目标物距离近,大弯腰识别到目标物则表示距目标物距离很近,可以进行捡取。

5. 垃圾桶颜色识别

当机器人捡取到模拟使用的不同颜色的垃圾时,进行捡取并将其投放到对应颜色的垃圾桶,机器人垃圾分拣任务就完成了。因此,通过机器人视觉识别分类的垃圾桶同样关键。

(1)识别垃圾桶。

同识别垃圾一样,选择用颜色识别纸桶来进行垃圾桶识别,选择不同的颜色范围值来区分不同的垃圾桶。

（2）垃圾桶分类。

用蓝色纸桶代替可回收收集容器，绿色纸桶代替厨余垃圾收集容器，红色纸桶代替有害垃圾收集容器，如图6.26所示。

6.3.4　机器人垃圾分拣程序设计实践

机器人分拣不同颜色的垃圾时，整个过程按顺序进行，在程序中可以按照红色、蓝色、绿色的顺序执行，每个执行动作模块由函数和基本动作构成，至于机器人执行哪个模块，通过变量a的不同赋值来控制程序执行的顺序，总程序如图6.27所示。

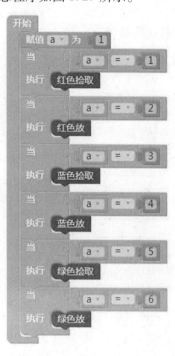

图6.26　用桶代替收集容器　　　　图6.27　机器人垃圾分拣总程序

1. 准备工作

（1）材料准备。

硬件：Aelos Pro 机器人，USB 下载线。

软件：aelos_edu 编程软件。

（2）操作准备。

①保持机器人电量充足，机器人置于平面上；

②打开机器人电源等待启动完成，待显示传感器数值后，连接好 USB 下载线；

③按照案例功能将相应传感器置于 Aelos Pro 机器人传感器端口；

④编辑机器人程序，连接机器人，将编辑完成的程序下载；

⑤断开下载线,按下机器人【RESET】键复位机器人;

⑥10 s后,根据程序设计,通过传感器触发机器人,观察机器人动作是否与设计的一致。

2. 机器人垃圾识别程序设计

(1)动作设计分析。

①机器人微弯腰动作:机器人双腿微微弯曲,身体略微前倾,使视野能看到的范围为近处,如图6.28所示;

②机器人大弯腰动作:机器人弯腰幅度变大,使视野能看到的范围为手部可触及范围,如图6.29所示;

③机器人捡起垃圾动作:机器人保持大弯腰状态,用手爪夹住垃圾,恢复站立。

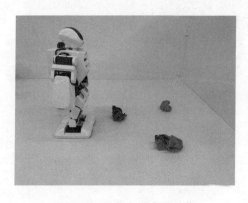

图6.28　机器人微弯腰动作　　　　图6.29　机器人大弯腰动作

(2)子程序编写。

在识别垃圾的时候,根据垃圾的远近,可以把识别分为三个级别。利用水平方向 X 坐标数值来判断目标物是在视线范围的左边、中边,还是右边,然后根据目标物的位置,机器人调整自己的方向。

①第一级别。

第一级别就是当机器人站立状态时就能看到垃圾,说明现在垃圾离机器人还比较远,这个时候机器人就可以以快走的形式快速前进,程序如图6.30所示。

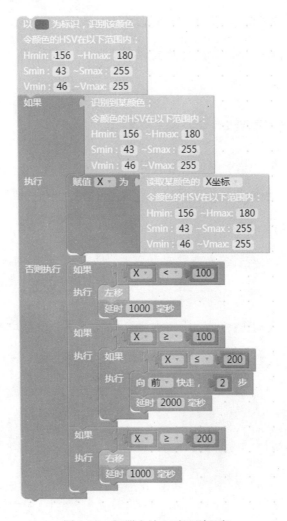

图 6.30　机器人站立时识别程序

②第二级别。

当站立状态已经不能识别垃圾时,将进入第二级别微弯腰状态,说明机器人离垃圾已经很近,可以用慢走的形式前进,程序如图 6.31 所示。

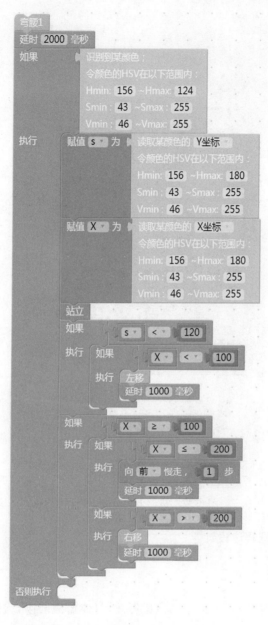

图6.31 机器人微弯腰识别程序

③第三级别。

当微弯腰状态已经不能识别垃圾时,将进入大弯腰状态,说明机器人离垃圾已经非

常近了,可以执行捡取动作,程序如图6.32所示。

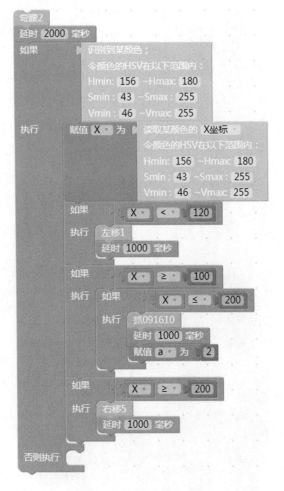

图 6.32　机器人大弯腰识别程序

3.机器人垃圾捡取程序设计

（1）动作设计分析。

①机器人微弯腰动作:机器人双腿微微弯曲,身体略微前倾,通过旋转头部来寻找目标色,如图6.33所示;

②前方视野没有目标色,要转身向后寻找,如图6.34所示。

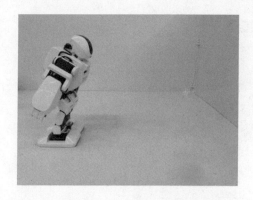

图6.33　机器人微弯腰动作

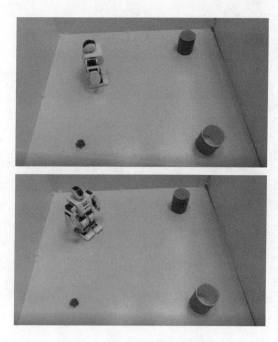

图6.34　机器人目标搜寻动作

（2）子程序编写。

在捡取垃圾后，机器人面前已经没有垃圾了，机器人旋转头部检测。机器人头部为19 号舵机，舵机值范围为 10～190，但使用时尽量在 15～185 之间，避免极限值损坏舵机，舵机转动速度不要超过 30，自然站立状态下头部舵机值为 100 左右，舵机数值从右向左逆时针逐渐增大。我们可以设置头部舵机转动的范围。如果前面都没有目标色，机器人进行转身，寻找身后的垃圾桶，程序如图6.35 所示。

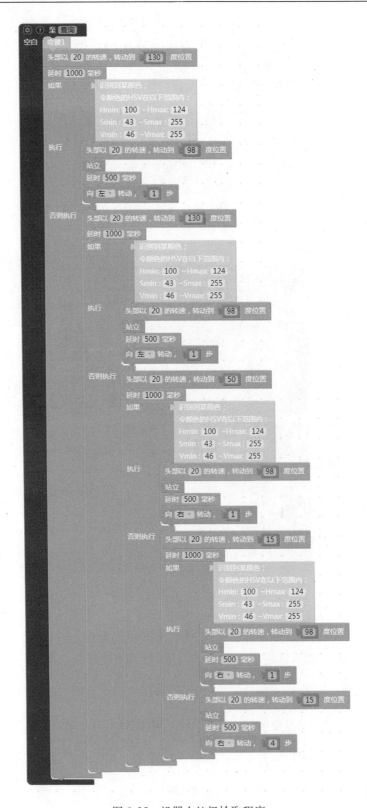

图 6.35　机器人垃圾捡取程序

4.机器人垃圾投放程序设计

（1）动作设计分析。

机器人捡取后为保证垃圾正确投放，可用双手将垃圾抓稳，走到对应垃圾桶前适当位置，进行投放，如图6.36所示。

（2）子程序编写。

机器人转身就能识别到目标垃圾桶，因为垃圾桶比较高，所以只做两个级别的检测就可以了，站立检测是否有目标色，然后前进，微弯腰检测是否有目标色，进行垃圾投放，程序如图6.37所示。

图6.36　机器人垃圾投放动作

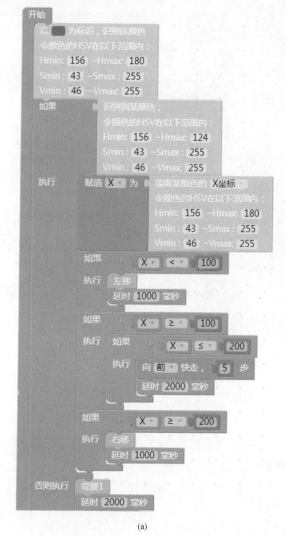

(a)

图6.37　机器人垃圾投放程序

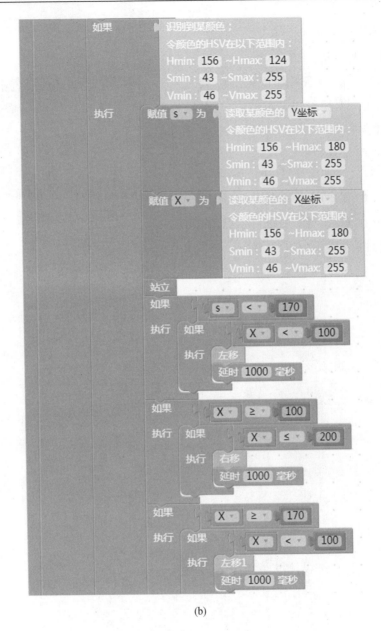

(b)

续图 6.37

5. 程序进阶

从垃圾捡取到垃圾投放的程序已经完成,然后再把目标色的 HSV 改成蓝色和绿色,整个程序就完成了,完整程序如图 6.38 所示。

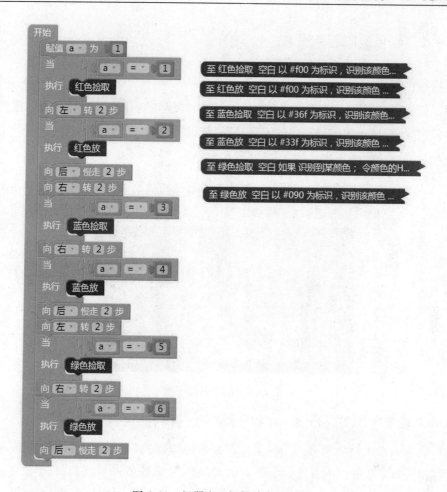

图 6.38 机器人垃圾投放完整程序

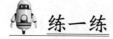 **练一练**

1. 如何将垃圾分类设计得更加完善？

2. 完成整体机器人程序的执行与调试。

6.4 颜色避障程序分析及编程实践

谈一谈

简述垃圾分类程序可分解为哪几个阶段？

6.4.1 颜色避障程序分析

1. 什么是避障

避障是指移动机器人在行走过程中,通过传感器感知到在其规划路线上存在静态或动态障碍物时,按照一定的算法实时更新路径,绕过障碍物,最后达到目标点。

2. 颜色避障的规则介绍

机器人在颜色避障场地中,遇到红色圆柱体障碍物执行避障,在障碍物中寻找蓝色障碍物,走到蓝色障碍物前,执行下蹲动作的任务。颜色避障场地如图6.39所示。

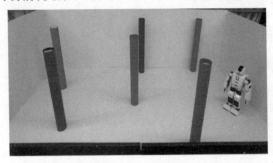

图 6.39　颜色避障场地

3. 颜色避障程序的过程分析

(1)机器人在未转动头部的条件下检测到红色障碍物,当机器人识别到最左侧的红色障碍物时,如果红色面积占比率小于170,对红色 X 坐标值进行判断,调整位置。如果 X 坐标值小于100,机器人向左移;如果 X 坐标值大于200,机器人向右移;而如果 X 坐标值在100~200之间,机器人向前慢走一步。

(2)如果机器人在未转头状态下,识别到的红色障碍物比例大于170,说明此时机器人与障碍物之间的距离较近,机器人头部向右转动,如果检测到红色障碍物或蓝色障碍物在右侧,机器人向右平移两步,再向右旋转一步,调整位置。如果在右侧未检测到障碍物,机器人头部向左旋转,检测到红色障碍物或蓝色障碍物在左侧,机器人向左平移两步,再向左旋转一步,调整位置。

(3)如果机器人识别到蓝色障碍物,蓝色面积占比大于10,对蓝色障碍物 X 坐标值进行判断,调整位置。如果蓝色面积占比小于170,X 坐标值小于100,机器人向左移动一步,调整位置;如果 X 坐标值大于200,机器人向右移动一步,调整位置。

(4)如果没有识别到蓝色障碍物,或者识别到蓝色面积占比小于10,让机器人进入 a 等于1的程序中,头部左右转动,寻找蓝色障碍物。

(5)使用函数进行程序的精简。

6.4.2 颜色避障编程实践

1. 颜色识别程序设计

颜色识别作为颜色避障的核心部分,设计过程中要精确设定各颜色的取值范围,以保证机器人能够准确做出判断,执行相应动作。在上一章的学习中,读者熟悉并进行HSV模式颜色识别的编程,这里我们通过图6.40回顾一下颜色识别的相应程序。

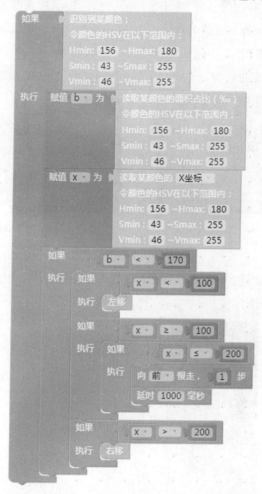

图6.40 红色障碍物的 HSV 颜色识别程序

2. 运用函数精简程序

我们知道了机器人未转头识别红色面积占比小于170的程序编写,如果机器人在未转头状态下,识别到的红色障碍物的红色面积占比大于170,说明此时机器人与障碍物之间的距离较近,机器人头部向右转动,如果检测到红色障碍物或蓝色障碍物在右侧,机器人向右平移两步,再向右旋转一步,调整位置。如果在右侧未检测到障碍物,机器人头部向左旋转,检测到红色障碍物或蓝色障碍物在左侧,机器人向左平移两步,再向左旋转一步,调整位置。为了将此程序进行精简,可以使用赋值方法,将向右调整赋值为 c 等于 20,向左调整赋值为 c 等于 30,头部向右转动判断识别赋值为 a 等于 1,向左转动判断识别赋值为 a 等于 2。调整位置完成之后,将 c 与 a 赋值为 0,跳出该程序。下面用函数将程序再进行精简。

在"指令栏—函数"中拖拽出一个无参函数命名为"c 等于 20",功能为向右调整函数,当计数值 c 计到第 20 次时,c 重新开始计数调整。该函数按照预定调整方式添加机器人调整动作,之后将 a 和 c 赋值为 0,最后完成函数功能 m 跳出程序。将函数命名为"c 等于 20",得到向右调整程序,如图 6.41 所示。

同理,向左调整函数命名为"c 等于 30",得到向左调整程序,如图 6.42 所示。

图 6.41　向右调整程序　　　　图 6.42　向左调整程序

编写头部向右转动判断识别,命名为"a 等于 1"的函数程序,如图 6.43 所示,用于机器人向右扫描目标障碍物。

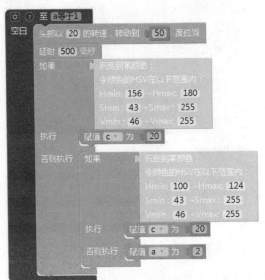

图 6.43　头部向右转动判断识别程序

编写头部向左转动判断识别,命名"a等于2"的函数程序,如图6.44所示,用于机器人向左扫描目标障碍物。

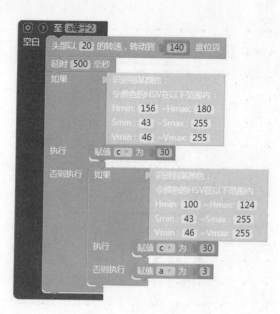

图6.44 头部向左转动判断识别程序

在左边函数中拖拽出一个无参函数命名为"a等于2",机器人头部向左转动识别到红色或蓝色时,将执行"赋值c为30",程序会跳进总程序的"当c=30"程序中进行左转调整,未识别到任何颜色时,执行"赋值a为3",停止程序。

编写红色面积占比大于170程序,如图6.45所示,用于机器人判断红色目标障碍物。

如果机器人识别到蓝色障碍物,蓝色面积占比大于10,对蓝色障碍物X坐标值进行判断,调整位置。如果蓝色面积占比小于170,X坐标值小于100,机器人向左移动一步,调整位置;如果X坐标值大于200,机器人向右移动一步,调整位置;如果X坐标值在100~200之间,机器人向前走一步。当机器人向前走时,蓝色面积占比大于170,机器人执行向前走两步,下蹲提示找到蓝色障碍物,并且向左平移两步,再向左转一步,调整位置,寻找下一个蓝色障碍物。程序如图6.46所示。

如果没有识别到蓝色障碍物,或者识别到蓝色障碍物比例小于10,让机器人进入"a等于1"的函数中,头部左右转动,寻找蓝色障碍物。

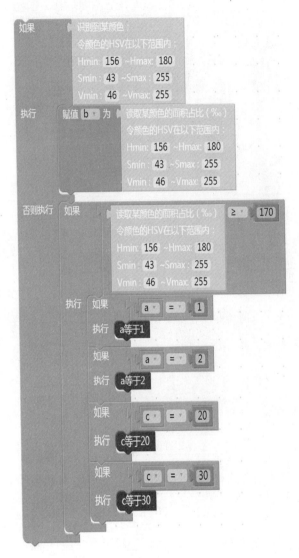

图 6.45　红色面积占比大于 170 程序

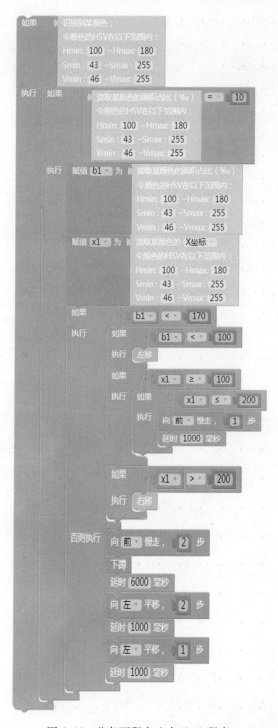

图 6.46 蓝色面积占比大于 10 程序

为了使程序再次精简并且合并,可使用函数模块,将未转头识别红色面积占比小于170 程序放入函数模块中,取名为"未转头识别红色障碍物",并且只有 c 等于 10 时,才能执行该程序,执行完该程序之后,a、c 赋值都为 0,跳出该程序。接着,同理可得"蓝色面积占比大于 10"程序,对其程序进行赋值并使用函数精简。程序如图 6.47 所示。

知道了机器人颜色避障的过程,及其各个步骤的分解程序,接下来就可以一起来编写颜色避障的总程序,完成机器人颜色避障的任务了。程序如图 6.48 所示。

(a) 未转头识别红色障碍物　　　　(b) 蓝色面积占比大于 10

图 6.47　颜色判断简化程序

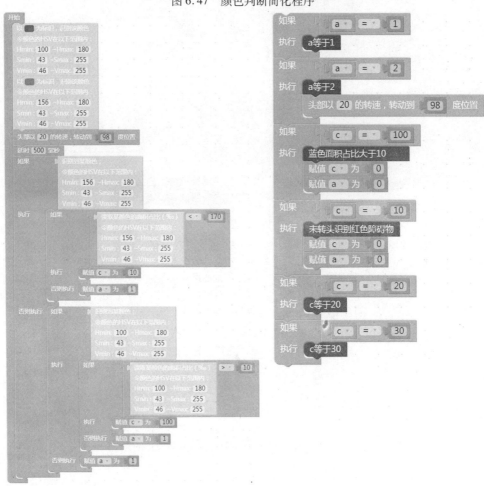

图 6.48　颜色避障总程序

3. 判断物体的远近

以红色障碍物为例,编写躲避障碍物程序。选择红色为障碍物,R(红色)数值为255,以 RGB 识别到 R(红色)为一个判断条件,先是站立,检测的距离占比面积越小,距离越远,检测的距离占比面积越大,距离越近。程序如图 6.49 所示。

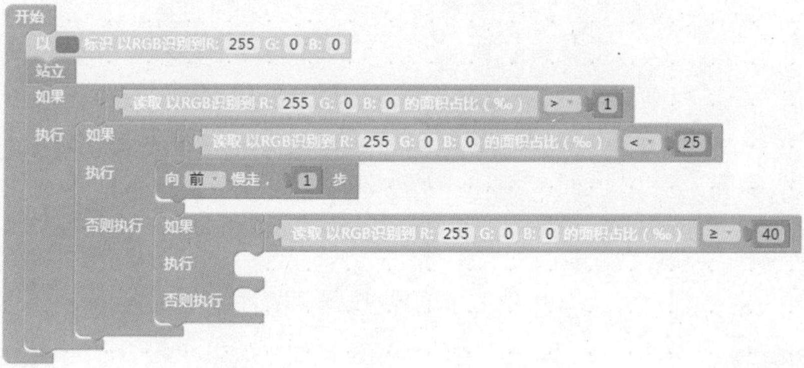

图 6.49 判断红色障碍物远近程序

4. 躲避物体

编写好障碍物颜色识别和远近判断程序后,继续以红色为例设计机器人躲避障碍物程序。基本策略为当智能机器人识别到红色障碍物在左边时,向右移一步进行避障;当智能机器人识别到红色障碍物在中间时,向后移动一步进行避障;当智能机器人识别到红色障碍物在右边时,向左移一步进行避障。程序如图 6.50 所示。

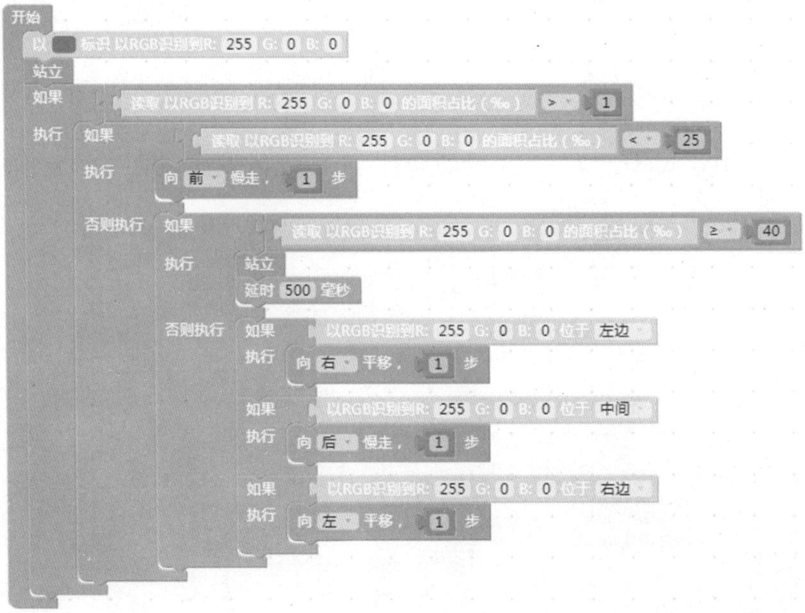

图 6.50　红色障碍物躲避程序

5. 编程实践

（1）材料准备。

硬件：Aelos Pro 机器人，USB 下载线，Aelos Pro 机器人光敏传感器，遥控器。

软件：aelos_edu 编程软件。

（2）操作准备。

①保持机器人电量充足，机器人置于平面上；

②打开机器人电源等待启动完成，待显示传感器数值后，连接好 USB 下载线；

③编辑机器人程序，连接机器人，将编辑完成的程序下载；

④断开下载线，按下机器人【RESET】键复位机器人；

⑤10 s 后，根据程序设计，通过遥控器、传感器触发机器人，观察机器人动作是否与设计的一致。

（3）程序设计。

为了便于观察程序的执行，将程序执行次数赋值为 1，即执行一次。距离越近，物体越大，当障碍物占视频画面面积的 1/5 时，机器人开始左右避障，当障碍物在左边时右移避障，当障碍物在右边时左移避障，结合地磁传感器数据，机器人沿西南方向行进并右转，否则左转。总程序如图 6.51 所示。

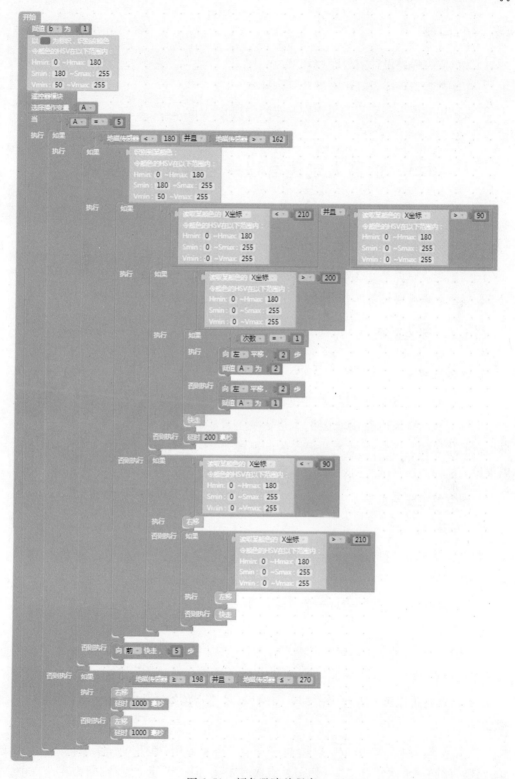

图 6.51 颜色避障总程序

练一练

1.颜色避障程序设计需要哪些环节？

2.在颜色避障程序设计中有哪些关键帧？

3.尝试用其他方法编写颜色识别躲避障碍物的程序。

6.5 机器人走迷宫程序分析及编程实践

谈一谈

1.颜色避障原理是什么？

2.颜色避障需要具备哪些因素？

6.5.1 迷宫的概述

1.什么是迷宫

迷宫指的是充满复杂通道,很难找到从其内部到达出口或从入口到达中心的道路,人进去就不容易出来的建筑物。通常比喻复杂艰深的问题或难以捉摸的局面。迷宫示意图如图6.52所示。

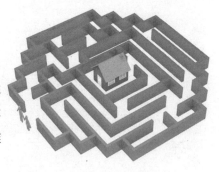

图6.52 迷宫示意图

2.迷宫的主要种类

（1）单迷宫。

单迷宫是只有一种走法的迷宫。对于单迷宫而言,有一种万能的破解方法,即沿着某一面墙壁走。在走的时候,左（右）手一直摸着左（右）边的墙壁,这种方法可能费时最长,也可能会使你走遍迷宫的每一个角落和每一条死路,但玩者绝不会永远困在里面。

（2）复迷宫。

复迷宫是有多种走法的迷宫。由于有多种走法,复迷宫中必然有一些地方可以不回头地走回原点,这条可以走回原点的通道就在迷宫中表现出了一个闭合的回路,以这个回路为界,迷宫可以被分为若干个部分。所以,复迷宫从本质上说是由若干个单迷宫组成的。

对于复迷宫而言,上述"万能"的破解方法不一定适用,适用的前提是起点和终点在该复迷宫的同一个部分内。复迷宫虽然有多种走法,但很可能更复杂,因为在迷宫中,兜圈子比进死路更糟。

6.5.2 机器人走迷宫

1. 机器人走迷宫的规则

（1）任务。

制作一个程序控制机器人完成在一间模拟平面结构的房间里由起点运动到指定房间的任务。

（2）标准。

如图 6.53 所示，机器人走迷宫任务的场地是由高度为 60 cm 的白色围墙组成的，在围墙上贴有绿色、蓝色、红色、黄色的贴纸。通过对于不同颜色的识别判断，让机器人执行对应的命令。模拟房间的墙高 33 cm，材质为木板。竞赛场地的墙壁、地板均为白色。具体以现场提供为准。

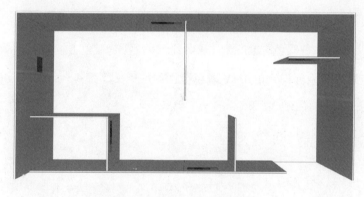

图 6.53　机器人走迷宫的场地

2. 颜色定位及迷宫过程策略

如图 6.54 所示，机器人开始前进的位置是 A 位置，如处于 B 和 C 位置时，机器人要位移到 A 位置，可以通过对于辅助色的颜色占比不同来设计程序。首先保证蓝色和黄色的色块大小是一致的，当机器人位于 A 的时候，黄色和蓝色的占比率是一样的；当机器人位于 B 的时候，蓝色的占比率会大于黄色的占比率；当机器人位于 C 的时候，黄色的占比率会大于蓝色的占比率，根据这个条件我们就可以开始设计正面朝红色方向前进程序了。

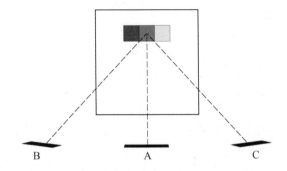

图 6.54　机器人走迷宫位置调整示意图

3. 机器人的方向识别

机器人正面朝红色方向前进且红色占比率大于 70 的程序,是机器人一直前进时,识别区域内红色的占比率大于 70 后,机器人就可以转向判断的程序。这时候就需要再增加一个辅助颜色令机器人按照正确方向转弯,此处用的是绿色,当红色的占比率大于 70 后,机器人转头观察左右颜色,当机器人观察到绿色后,沿绿色方向进行转向,方向识别。通过视频回传知道绿色标识物的 HSV 颜色范围(H:35～77;S:43～255;V:46～255)。相应程序模块如图 6.55 所示。

图 6.55　绿色标识 HSV 颜色范围及头部舵机左、右转动模块

4. 程序设计

红色占比率大于 70 后,机器人头部旋转到 130°,查看是否有绿色标识物,如果有进行左转,如果没有识别到绿色标识物,机器人头部旋转到 20°,查看是否有绿色标识物,识别到绿色标识物进行右转。程序如图 6.56 所示。

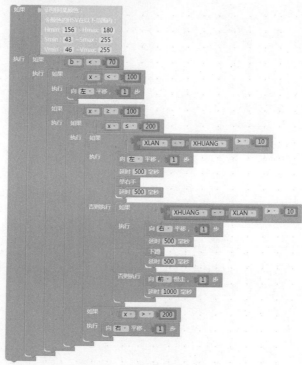

图 6.56 迷宫的颜色导引程序

6.5.3 机器人走迷宫程序编程实践

1. 对颜色定位及方向识别的程序进行整合

通过视频回传知道红色标识物的 HSV 颜色范围（H:156～180;S:43～255;V:46～255）、蓝色标识物的 HSV 颜色范围（H:100～124;S:43～255;V:46～255）和黄色标识物的 HSV 颜色范围（H:16～28;S:43～255;V:46～255），在"颜色识别"函数模块中对红色、蓝色和黄色标识物进行颜色标识，如图 6.57 所示。

创建变量 b、x、XHUANG、XLAN，变量 b 赋值为红色的占比率，变量 x 赋值为红色在视觉画面中的 X 坐标，变量 XHUANG 赋值为黄色的占比率，变量 XLAN 赋值为蓝色的占比率，如图 6.58 所示。

图 6.57　红色、蓝色和黄色的颜色标识 HSV 模块　　图 6.58　变量的颜色 HSV 赋值

首先使用红色的占比率确定机器人与障碍物的距离，当红色占比率小于 70 的时候，执行机器人前进程序。当红色目标物的 X 坐标数值小于 100 时向左移 1 步；当红色目标物的 X 坐标值大于 200 时向右平移 1 步；当红色目标物的 X 坐标值大于 100 小于 200 时，要满足蓝色和黄色占比率的差值不大于 10，如果大于 10 就需要进行位移，否则就可以继续前进。程序如图 6.59 所示。

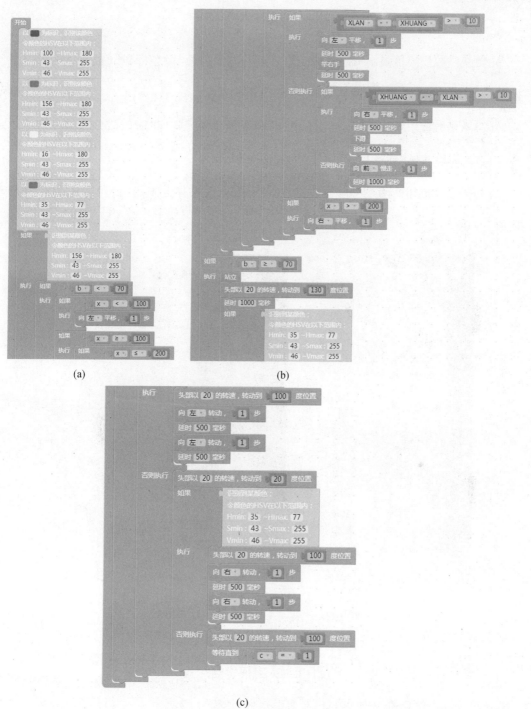

(a)

(b)

(c)

图 6.59 颜色定位及方向识别程序

2. 运用函数模块优化机器人走迷宫程序

（1）从函数模块里找出"做点什么空白"模块并命名为"颜色标识"，把颜色标识程序拖入，右击模块选择"创建'颜色标识'"，如图 6.60 所示。

（2）从函数模块里找出"做点什么空白"模块并命名为"变量赋值"，把变量赋值模块拖入，右击模块选择"创建'变量赋值'"，如图 6.61 所示。

（3）最后把创建的两个小模块放进总程序里面，替换掉原来的"颜色标识"和"变量赋值"模块。

图 6.60　创建"颜色标识"函数

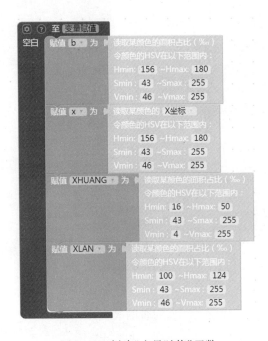

图 6.61　创建"变量赋值"函数

练一练

1. 思考：颜色追踪功能对于人形机器人有何影响？

2. 自己试着用不同方法编写机器人走迷宫程序。

3. 机器人视觉如何应用？

6.6 人脸识别算法程序分析及编程实践

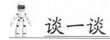

1. 机器人走迷宫的过程分析。

2. 函数、变量赋值及头部转动等模块的使用。

6.6.1 人脸识别的介绍

1. 人脸识别的简介

人脸识别系统的研究始于20世纪60年代,进入80年代后随着计算机技术和光学成像技术的发展得到提高,到了90年代后期人脸识别系统才进入应用初级阶段,进入21世纪人脸识别技术蓬勃发展,而今人脸识别已被广泛应用,如图6.62所示。

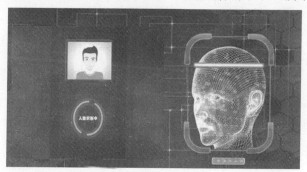

图 6.62 人脸识别

人脸识别系统成功与否的关键在于是否拥有尖端的核心算法,并使识别结果具有实用化的识别率和识别速度。人脸识别系统集成了人工智能、机器识别、机器学习、模型理论、专家系统、视频图像处理等多种专业技术,同时需结合中间值处理的理论与实现,是生物特征识别的最新应用,其核心技术的实现,展现了弱人工智能向强人工智能的转化。

广义的人脸识别实际包括构建人脸识别系统的一系列相关技术,包括人脸图像采集、人脸定位、人脸识别预处理、身份确认以及身份查找等;而狭义的人脸识别特指通过人脸进行身份确认或者与身份查找相关的技术或系统。

人脸识别属于生物特征识别技术,是用生物体(一般特指人)本身的生物特征来区分生物个体。生物特征识别技术所研究的生物特征包括脸、指纹、手掌纹、虹膜、视网膜、声音(语音)、体形、个人习惯(例如,敲击键盘的力度、频率、签字)等,相应的识别技术就有人脸识别、指纹识别、掌纹识别、虹膜识别、视网膜识别、语音识别(可以进行身份识别,也可以进行语音内容的识别,只有前者属于生物特征识别范畴)、体形识别、键盘敲击识别、签字识别等。

人脸识别的优势在于其自然性和不易让被测个体察觉的特点,容易被大家接受。

2. 人脸识别的应用场景

人脸识别是机器视觉最成熟、最热门的领域,近年来,人脸识别已经逐步超过指纹识别成为生物识别的主导技术。其主要应用场景有:人脸支付、人脸登录、人脸签到、人脸考勤、安防监控、相册分类、人脸美颜等。

3. 人脸识别的技术特点

人脸与人体的其他生物特征(指纹、虹膜等)一样与生俱来,它的唯一性和不易被复制的良好特性为身份鉴别提供了必要的前提,与其他类型的生物识别比较人脸识别具有如下特点:

(1)非强制性。

用户不需要专门配合人脸采集设备,几乎可以在无意识的状态下就可获取人脸图像,这样的取样方式没有"强制性"。

(2)非接触性。

用户不需要和设备直接接触就能获取人脸图像。

(3)并发性。

在实际应用场景下可以进行多个人脸的分拣、判断及识别。

除此之外,还具有"以貌识人"的特性,另外,还有操作简单、结果直观、隐蔽性好等特点。

4. 人脸识别的处理流程

人脸识别的处理流程包括人脸图像采集及检测、人脸图像预处理、人脸图像特征提取和匹配与识别,如图 6.63 所示。

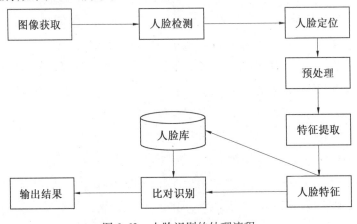

图 6.63　人脸识别的处理流程

①图像获取:可以通过摄像镜把人脸图像采集下来或将图片上传等。

②人脸检测:给定任意一张图片,找到其中是否存在一个或多个人脸,并返回图片中每个人脸的位置、范围及特征等。

③人脸定位:通过人脸来确定位置信息。

④预处理:基于人脸检测结果对图像进行处理,为后续的特征提取服务。系统获取到的人脸图像可能受到各种条件的限制或影响,需要对其进行缩放、旋转、拉伸、灰度变换、规范化及过滤等图像预处理。由于图像中存在很多干扰因素,如天气、角度、距离等外部因素,胖瘦,假发、围巾、表情等目标本身因素。所以神经网络一般需要比较多的训练数据,才能从原始的特征中提炼出有意义的特征,如图 6.64 所示。

⑤特征提取:将人脸图像信息数字化,把人脸图像转换为一串数字。特征提取是一项重要内容,传统机器学习在这部分往往要占据大部分时间和精力,有时虽然花去了时间,效果却不一定理想。好在深度学习很多都是自动获取特征。如图 6.65 所示为传统机器学习与深度学习的区别,尤其是在提取特征方面。

⑥人脸特征:找到人脸的一些关键特征或位置,如眼镜、嘴唇、鼻子、下巴等的位置,利用特征点间的欧氏距离、曲率和角度等提取特征分量,最终把相关的特征连接成一个长的特征向量。

⑦比对识别:通过模型回答两张人脸是否属于相同的人或指出一张新脸是人脸库中谁的脸。

⑧输出结果:对人脸库中的新图像进行身份认证,并给出是或否的结果。

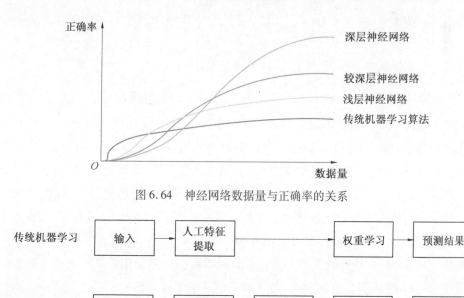

图 6.64 神经网络数据量与正确率的关系

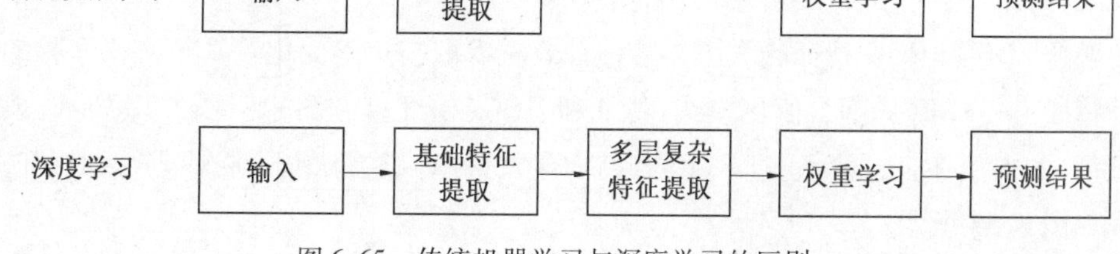

图 6.65 传统机器学习与深度学习的区别

5. 人脸识别算法

一般来说,人脸识别系统包括图像摄取、人脸定位、图像预处理,以及人脸识别(身份确认或者身份查找)。系统输入一般是一张或者一系列含有未确定身份的人脸图像,以及人脸数据库中的若干已知身份的人脸图像或者相应的编码,而其输出则是一系列相似度得分,表明待识别的人脸的身份。人脸识别算法包括基于人脸特征点的识别算法、基于整幅人脸图像的识别算法、基于模板的识别算法、利用神经网络进行识别的算法等。

6.6.2 Aelos Pro 识别方法分析及应用

1. 性别识别

性别识别是利用计算机视觉来辨别和分析图像中的人脸性别属性。在计算过程中通过消除数据中的相关性,将高维图像降低到低维空间,而训练集中的样本则被映射成低维空间中的一点。当需要判断测试图片的性别时,就需要先将测试图片映射到低维空间中,然后计算离测试图片最近的样本点是哪一个,将最近样本点的性别赋值给测试图片即可,过程如图 6.66 所示。

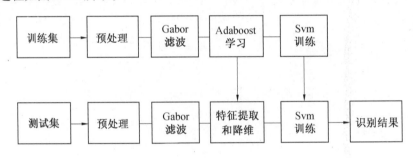

图 6.66 性别识别过程

2. 年龄估计

年龄估计是一个比性别识别更为复杂的问题。原因在于人的年龄特征在外表上很难被准确地观察出来,即使是人眼也很难准确地判断出一个人的年龄。再看人脸的年龄特征,它通常表现在皮肤纹理、皮肤颜色、光亮程度和皱纹纹理等方面,而这些因素通常与个人的遗传基因、生活习惯、性别、性格特征和工作环境等方面相关。所以说,我们很难用一个统一的模型去定义人脸图像的年龄。若想较好地估出人的年龄层,可将年龄分成几段,例如,儿童、少年、青年、中年和老年。

融合 LBP 和 HOG 特征的人脸年龄估计算法提取与年龄变化关系紧密的人脸的局部统计特征——LBP(局部二值化模式)特征和 HOG(梯度直方图)特征,并用 CCA(典型相关分析)的方法融合,最后通过 SVR(支持向量机回归)的方法对人脸库进行训练和测试,过程如图 6.67 所示。

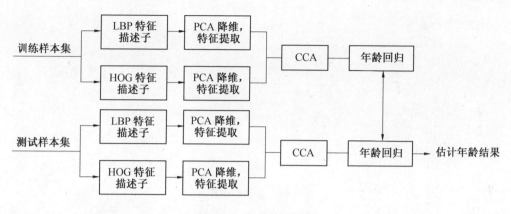

图 6.67　年龄估计过程

6.6.3　Aelos Pro 人脸识别模块应用

1. Aelos Pro 人脸识别模块

软件中的人脸识别模块可以对性别、年龄和表情等进行识别,并可以搭配动作模块进行编程。例如,当识别到对方为男性时,做拍手动作等。下面我们来认识软件中的人脸识别模块及使用方法。

(1)在 10 s 内检测到年龄为儿童、少年、青年、中年或老年的年龄检测模块。调试当在 10 s 内识别到儿童时,机器人做举右手动作,如图 6.68 所示。

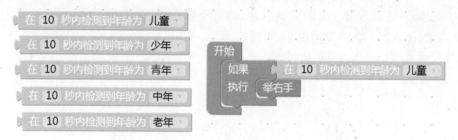

图 6.68　年龄检测模块

(2)10 s 内检测到表情为悲伤、自然、轻蔑、厌恶、愤怒、惊喜、恐惧或幸福情绪检测模块。调试在 10 s 内识别到悲伤表情时,机器人做前拥抱动作,如图 6.69 所示。

(3)在 10 s 内检测到性别为男性或女性的性别检测模块。调试在 10 s 内识别到男性时,机器人做飞吻动作,如图 6.70 所示。

(4)在 10 s 内检测到人脸的人脸检测模块,如图 6.71 所示。

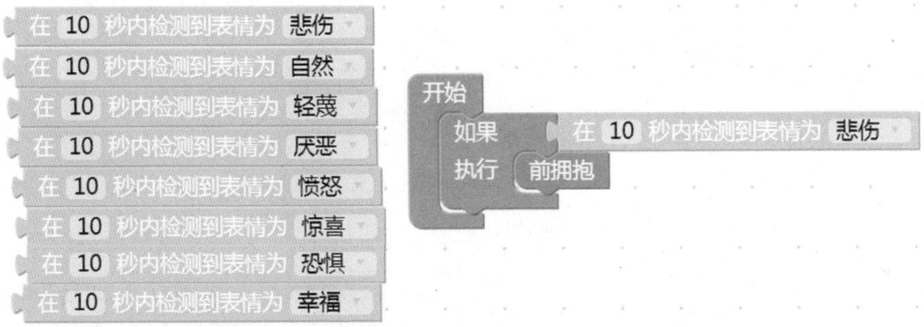

图 6.69　情绪检测模块

图 6.70　性别检测模块

图 6.71　人脸检测模块

2. 程序实践案例

（1）实践案例 1。

功能描述：机器人第一次识别到男性，执行下蹲动作；第二次识别到男性，执行挥手动作……如此反复。程序如图 6.72 所示。

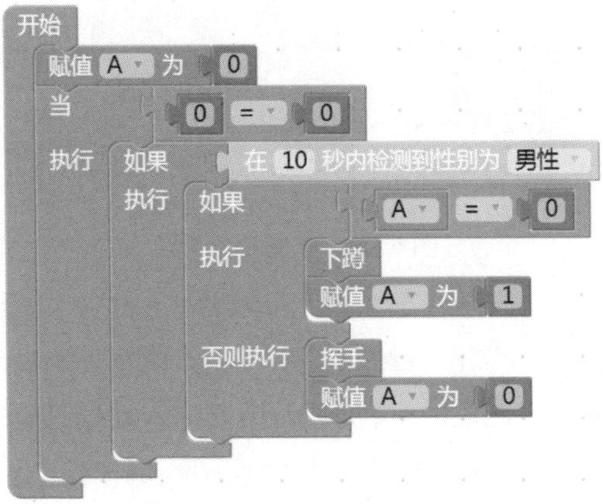

图 6.72　实践案例 1 程序

（2）实践案例2。

功能描述：机器人第一次识别到男性，执行下蹲动作；第二次识别到男性，执行挥手动作；第三次识别到男性，执行左转动作……如此反复。机器人第一次识别到女性，执行俯卧撑动作；第二次识别到女性，执行伸展手臂动作；第三次识别到女性，执行前拥抱动作……如此反复。程序如图6.73所示。

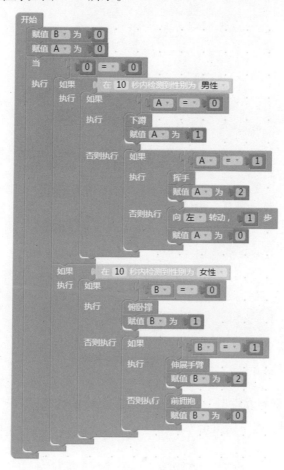

图6.73　实践案例2程序

（3）实践案例3。

功能描述：按下触摸传感器，机器人开启人脸识别程序。第一次识别到老人，执行敬军礼动作；第二次识别到老人，执行鞠躬动作……如此循环。第一次识别到儿童，执行挥手动作；第二次识别到儿童，执行下蹲动作……如此循环。触摸传感器未开启时，执行慢走动作。程序如图6.74所示。

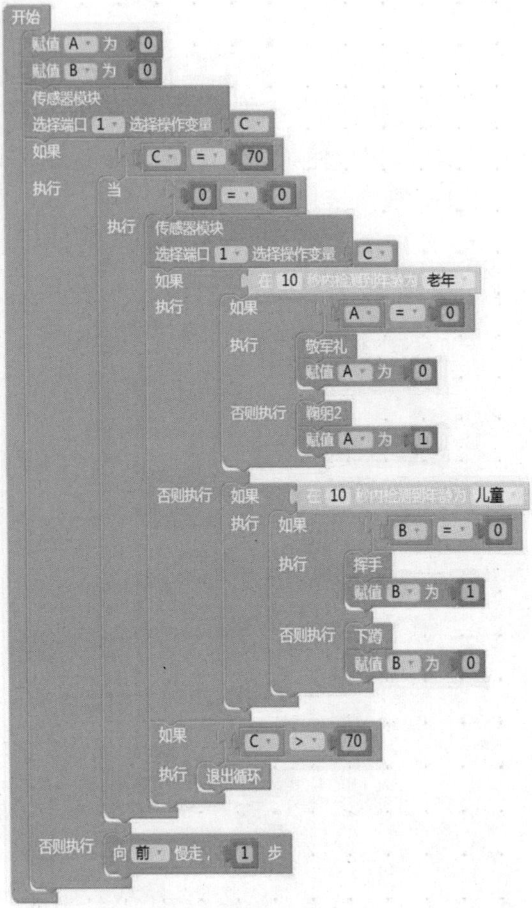

图 6.74　实践案例 3 程序

（4）实践案例 4。

功能描述：当识别到女性时，机器人播放"漂亮 2"的音频；当识别到男性时，机器人播放"男士 2"的音频。程序如图 6.75 所示。

图 6.75　实践案例 4 程序

（5）实践案例5。

功能描述：当识别到少年时，机器人播放"少年"的音频；当识别到老年时，机器人播放"老年"的音频。程序如图 6.76 所示。

图 6.76 实践案例 5 程序

（6）实践案例6。

功能描述：在识别到"人脸"时，机器人做握手动作，并播放"你好"的音频。程序如图 6.77 所示。

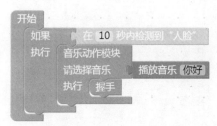

图 6.77 实践案例 6 程序

（7）实践案例7。

功能描述：当识别到悲伤表情时，机器人播放"悲伤"的音频，并做前拥抱动作。程序如图 6.78 所示。

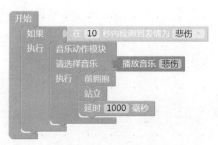

图 6.78 实践案例 7 程序

（8）实践案例8。

功能描述：当识别到幸福、轻蔑、自然、悲伤等不同人脸表情时，对应播放"表情""朋友""开心""悲伤"的音频。程序如图6.79所示。

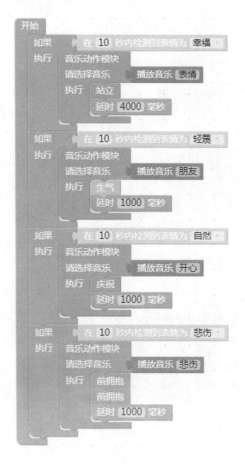

图6.79　实践案例8程序

（9）实践案例9。

功能描述：当识别到不同性别、年龄、表情时，机器人播放不同的音频，并做出不同的动作。程序如图6.80所示。

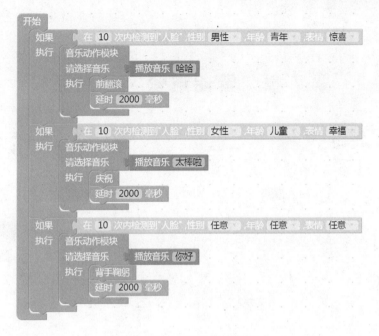

图 6.80　实践案例 9 程序

练一练

1. 查阅资料,简述人脸识别功能在生产生活中的应用。

2. 编写程序:机器人第一次识别到男性,执行鞠躬动作;第二次识别到男性,执行下蹲动作;第三次识别到男性,执行右转动作……如此反复。机器人第一次识别到女性,执行行礼动作;第二次识别到女性,执行挥手动作;第三次识别到女性,执行前拥抱动作……如此反复。

本 章 小 结

在本章中,通过函数的学习,掌握如何将反复使用的程序模块封装起来,从而便于程序的使用和简化,并练习机器人足球比赛、垃圾分拣、颜色避障、走迷宫、人脸识别等程序的设计和编写。通过这些程序的学习,对 Aelos Pro 机器人技术特点、处理流程及算法有了更加深入的了解,相信读者通过学习本章,一定能够在掌握不同程序的同时,拓展机器人更多的功能。

【想一想】

运用 Aelos Pro 机器人,你还能设计出哪些应用场景的功能?

第7章 智能送餐"利"生活

本章知识点

1. 了解服务机器人的概念、分类及应用领域；
2. 了解送餐机器人的发展背景、组成结构、主要功能及优势；
3. 掌握人脸识别程序设计；
4. 掌握杯子的颜色识别和动作设计。

7.1 服务机器人与送餐机器人

【谈一谈】

1. 人脸识别的原理是什么？
2. 完成人脸识别机器人的过程中，遇到了哪些问题？又是如何解决的？

7.1.1 服务机器人的概述

1. 服务机器人基本定义及现阶段发展

服务机器人是服务于人类非生产性活动的机器人总称。它是一种半自主或全自主工作的机械设备，能完成有益于人类的服务工作，但不直接从事工业品的生产。丰田音乐伙伴机器人如图7.1所示。

数据显示，目前，世界上至少有48个国家在发展机器人，其中25个国家已涉足服务型机器人开发。在日本、北美和欧洲，迄今已有7种类型计40余款服务型机器人进入实验和半商业化应用。

另外一个方面，全球人口的老龄化带来很多问题，例如，老龄人的看护、医疗问题，这些问题带来大量的财政负担。由于服务机器人所具有的显著优势能够显著降低财政负担，因而服务机器人能够被大量应用。

图 7.1　丰田音乐伙伴机器人

2. 服务机器人与工业机器人的区别

（1）从控制要求、功能、特点等方面看，服务机器人与工业机器人的本质区别在于工业机器人所处的工作环境在大多数情况下是已知的，因此，利用第一代机器人技术已可满足其要求；然而，服务机器人的工作环境在绝大多数场合中是未知的，故都需要使用第二代、第三代机器人技术。

（2）从行为方式上看，服务机器人一般没有固定的活动范围和规定的动作行为，它需要有良好的自主感知、自主规划、自主行动和自主协同等方面的能力，因此，服务机器人较多地采用仿人或生物、车辆等结构形态。

3. 服务机器人的基本要素

1967 年，在日本举办的第一届机器人学术会议上，人们就提出了描述服务机器人特点的代表性意见，认为具备以下三个条件的机器可称为服务机器人。

①具有类似人类的脑、手、脚等功能要素；

②具有非接触和接触传感器；

③具有平衡觉和固有觉的传感器。

这一意见强调了服务机器人的"类人"含义，突出了由"脑"统一指挥、靠"手"进行作业、靠"脚"实现移动；通过传感器识别环境、感知本身状态等属性，对服务机器人的研发具有参考价值。

4. 服务机器人的分类

服务机器人的涵盖范围非常广，简言之，除工业生产用的机器人外，其他所有的机器人均属于服务机器人的范畴，它在机器人中的比例高达 95% 以上。根据用途不同，可分为个人/家庭服务机器人和专业服务机器人两类。

（1）个人/家用服务机器人。

个人/家用服务机器人泛指为人们日常生活服务的机器人，包括家庭作业、娱乐休闲、残障辅助、住宅安全等，它是被人们普遍看好的未来最具发展潜力的新兴产业之一，如图7.2所示。

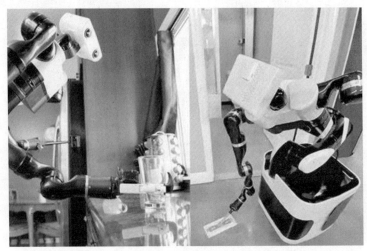

图7.2　个人/家用服务机器人

在个人/家用服务机器人中，以家庭作业和娱乐休闲机器人的产量为最大，两者占个人/家用服务机器人总量的90%以上；残障辅助、住宅安全机器人的普及率目前还较低，但市场前景被人们普遍看好。

（2）专业服务机器人。

专业服务机器人的应用非常广，简言之，除工业生产用的工业机器人和为人们日常生活服务的个人/家用机器人外，其他所有的机器人均属于专业服务机器人的范畴。其中，应用最广的军事、场地和医疗机器人概况如下：

①军事机器人。

军事机器人是为了军事目的而研制的自主、半自主式或遥控的智能化装备，它可用来帮助或替代军人完成特定的战术或战略任务，如图7.3所示。

军事机器人具备全方位、全天候的作战能力和极强的战场生存能力，可在超过人类承受能力的恶劣环境中，或在遭到毒气、冲击波、热辐射等袭击时，继续进行工作，加之军事机器人不存在人类的恐惧心理，可严格地服从命令、听从指挥，有利于指挥者对战局的掌控；在未来战争中，机器人战士完全可能成为军事行动中的主力军。

②场地机器人。

场地机器人是除军事机器人外，其他可进行大范围作业的服务机器人的总称。场地机器人多用于科学研究和公共事业服务，如太空探测、水下作业、危险作业、消防救援、园林作业等。

火星车就是一种典型的场地机器人，专门用于在火星的特殊环境下，可移动、探测的机器人,如图7.4所示。2020年7月,我国的"祝融号"火星车在文昌航天发射场由长征五号运载火箭发射升空。

图7.3 军事机器人

图7.4 火星车

③医疗机器人。

医疗机器人是今后专业服务机器人的重点发展领域之一。医疗机器人主要用于伤病员的手术、救援、转运和康复,包括诊断机器人、外科手术或手术辅助机器人、康复机器人等,如图7.5所示。例如,医生可利用外科手术机器人的精准性和微创性,大面积减小手术伤口,帮助病人迅速恢复正常生活等。

图7.5 医疗机器人

7.1.2 送餐机器人的概述

1. 送餐机器人的发展背景

机器人技术水平的进步给人类生活带来了巨大的变化,例如,越来越流行的送餐机器人极大地降低了酒店、饭店等运营成本及管理成本,尤其后疫情时代,大大降低了感染风险,因而更受到关注。送餐机器人如图7.6所示。

2. 送餐机器人的主要优势

①有运动功能。它能在指定的区域中行走,到达用户指定的位置,并根据周围的信

息躲避障碍,同时也可以通过遥控器控制其行走。

②机器人可以在工作人员的操作下进行餐厅地图创建与编辑,设置一系列的餐桌目标点,一旦进入工作模式,机器人就可以知道当前的位置,并可以自主导航运动到目标位置上。

③机器人具有语音输出功能,可以介绍菜品,提示顾客取餐。

3.送餐机器人的组成结构及主要功能

送餐机器人的组成结构包括扩音器、显示器、菜盘、机械手臂、操作控制盒和障碍物感应器。

图7.6 送餐机器人

送餐机器人的主要功能如下:

①能够解决招工难用工难的问题,节省工资成本;

②能够吸引客户,机器人送餐新奇刺激,吸引顾客就餐;

③智能控制,可以控制速度和路线,自动返回;

④智能对话,可以和机器进行简单对话,新奇有趣;

⑤安全可靠,遇到障碍物自动感应停止,不会碰到人和物体;

⑥行走平稳,底座非常厚重,送菜的时候不会洒出。

7.2 送餐机器人编程实践

7.2.1 人脸识别程序的编写

首先进行性别识别的程序过程分析,机器人需要在10 s内判断是男性还是女性。通过人脸识别功能,如果识别到男生,将变量A赋值为1,如果是女生,将变量A赋值为2,并进行背手鞠躬动作,程序如图7.7所示。在变量A赋值为1和2之前,先要创建变量A,这里变量A赋值为1和2是为了机器人在抓取杯子之前先判断是男生还是女生。

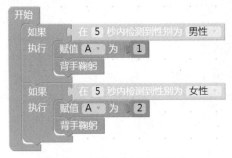

图7.7 男性、女性识别程序

人脸识别成功后,机器人会走到杯子颜色识别的位置,如果人脸识别到男生,执行把蓝色杯子抓起。

7.2.2 抓杯子程序的编写

1. 男生抓蓝色杯子动作设计

选取函数模块,命名为"抓蓝色杯子",设置蓝色杯子 HSV 颜色识别数值,将蓝色杯子的 X 和 Y 坐标值分别赋值给 X 和 Y,如图 7.8 所示。

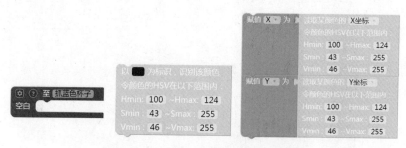

图 7.8 设置"抓蓝色杯子"函数模块

如果 Y 小于 170,X 小于 140,则杯子在远处且在左边,机器人需要左移;如果 Y 小于 170,X 大于 200,则杯子在远处且在右边,机器人需要右移;如果 Y 小于 170,X 大于 140 且小于 200,则杯子在远处且在中间,机器人需要向前走一步。

如果 Y 大于 170,则杯子很近可以向前走一步后抓取杯子,抓取后将变量 A 赋值为 5。当 A 等于 5 时即机器人已经抓取杯子,可以端给男生或女生,A 等于 3 则程序停止,如图7.9所示。男生抓蓝色杯子总程序如图 7.10 所示。

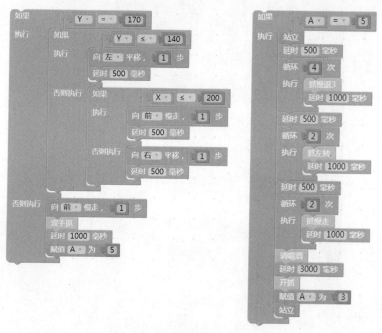

图 7.9 男生抓蓝色杯子程序

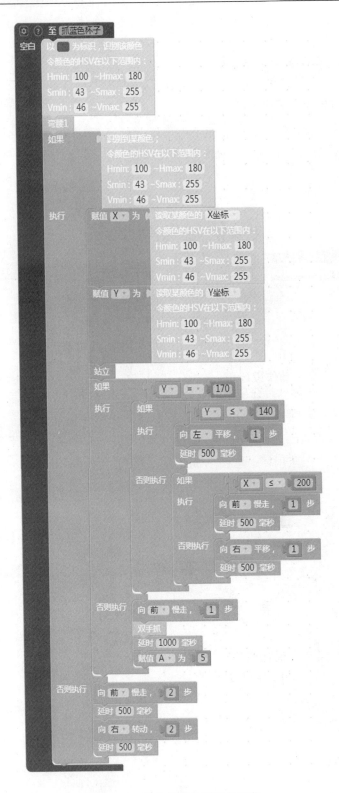

图 7.10　男生抓蓝色杯子总程序

右击函数模块选择"创建'抓蓝色杯子'"生成模块,在总程序中会进行调用,当 A 等于 1 时调用"抓蓝色杯子"模块,如图 7.11 所示。

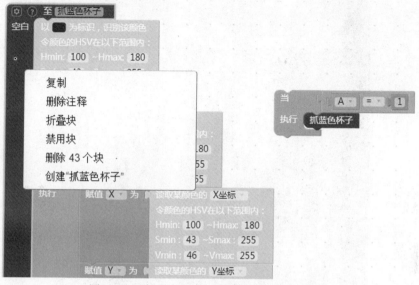

图 7.11 "抓蓝色杯子"函数模块的生成及调用

2. 女生抓红色杯子动作设计

根据男生抓蓝色杯子动作程序编写女生抓红色杯子动作。把函数模块命名为"抓红色杯子",设置红色杯子 HSV 颜色识别数值,将红色杯子的 X 和 Y 坐标值分别赋值给 X 和 Y,如图 7.12 所示。

图 7.12 设置"抓红色杯子"函数模块

机器人走到杯子前,视觉模块定位到红色杯子,右手拿起杯子,场景图如图 7.13 所示。女生抓红色杯子总程序如图 7.14 所示。

图 7.13 机器人
抓红色杯子场景图

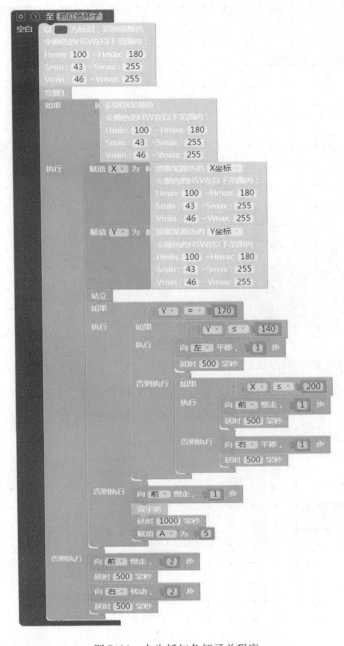

图7.14　女生抓红色杯子总程序

　　右击函数模块选择"创建'抓红色杯子'"，生成模块，在总程序中会进行调用，当 A 等于 2 时调用"抓红色杯子"模块，如图7.15 所示。

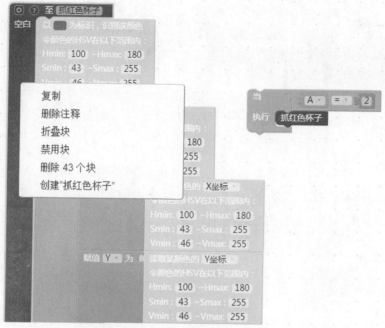

图 7.15 "抓红色杯子"函数模块的生成及调用

7.2.3 程序整合的编写

机器人端不同颜色的杯子给男生或女生,实现智能送餐的任务。程序如图 7.16 所示。

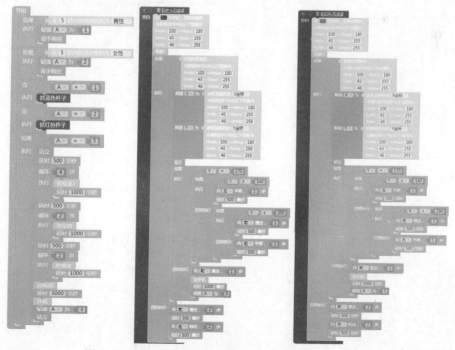

图 7.16 抓取不同颜色的杯子给男生或女生的完整程序

 练一练

尝试编写抓取不同颜色的杯子给男生或女生的程序。

本 章 小 结

结束了本章的学习,读者已经完成了基于 Aelos Pro 机器人编程的全部内容,对于人工智能技术与机器人技术的结合,有了更为深刻地认识。希望读者运用所学、所练、所思,为智能机器人应用开拓新功能,为机器人编程奠定扎实的基础。

想一想

结合本书内容的学习,请读者自行设计完整程序,全面展示学习成果。

参考文献

[1]张冰.人工智能真好玩:同同爸带你趣味编程[M].北京:机械工业出版社,2020.

[2]快学习教育.Scratch3 游戏与人工智能编程完全自学教程[M].北京:机械工业出版社,2020.

[3]刘国成.Arduino 嵌入式系统应用开发[M].成都:西南交通大学出版社,2020.

[4]蔡跃.职业教育活页式教材开发指导手册[M].上海:华东师范大学出版社,2020.

[5]陈宏希.学练一本通:51 单片机应用技术[M].北京:电子工业出版社,2013.